Elka Lobutova

3D PTV für groß-skalige Strukturen in thermischer Konvektion

Elka Lobutova

3D PTV für groß-skalige Strukturen in thermischer Konvektion

Entwicklung und Anwendung

Südwestdeutscher Verlag für Hochschulschriften

Impressum/Imprint (nur für Deutschland/only for Germany)
Bibliografische Information der Deutschen Nationalbibliothek: Die Deutsche Nationalbibliothek verzeichnet diese Publikation in der Deutschen Nationalbibliografie; detaillierte bibliografische Daten sind im Internet über http://dnb.d-nb.de abrufbar.
Alle in diesem Buch genannten Marken und Produktnamen unterliegen warenzeichen-, marken- oder patentrechtlichem Schutz bzw. sind Warenzeichen oder eingetragene Warenzeichen der jeweiligen Inhaber. Die Wiedergabe von Marken, Produktnamen, Gebrauchsnamen, Handelsnamen, Warenbezeichnungen u.s.w. in diesem Werk berechtigt auch ohne besondere Kennzeichnung nicht zu der Annahme, dass solche Namen im Sinne der Warenzeichen- und Markenschutzgesetzgebung als frei zu betrachten wären und daher von jedermann benutzt werden dürften.

Coverbild: www.ingimage.com

Verlag: Südwestdeutscher Verlag für Hochschulschriften GmbH & Co. KG
Heinrich-Böcking-Str. 6-8, 66121 Saarbrücken, Deutschland
Telefon +49 681 37 20 271-1, Telefax +49 681 37 20 271-0
Email: info@svh-verlag.de

Zugl.: Ilmenau: TU Ilmenau, Diss.,2010

Herstellung in Deutschland (siehe letzte Seite)
ISBN: 978-3-8381-3252-5

Imprint (only for USA, GB)
Bibliographic information published by the Deutsche Nationalbibliothek: The Deutsche Nationalbibliothek lists this publication in the Deutsche Nationalbibliografie; detailed bibliographic data are available in the Internet at http://dnb.d-nb.de.
Any brand names and product names mentioned in this book are subject to trademark, brand or patent protection and are trademarks or registered trademarks of their respective holders. The use of brand names, product names, common names, trade names, product descriptions etc. even without a particular marking in this works is in no way to be construed to mean that such names may be regarded as unrestricted in respect of trademark and brand protection legislation and could thus be used by anyone.

Cover image: www.ingimage.com

Publisher: Südwestdeutscher Verlag für Hochschulschriften GmbH & Co. KG
Heinrich-Böcking-Str. 6-8, 66121 Saarbrücken, Germany
Phone +49 681 37 20 271-1, Fax +49 681 37 20 271-0
Email: info@svh-verlag.de

Printed in the U.S.A.
Printed in the U.K. by (see last page)
ISBN: 978-3-8381-3252-5

Copyright © 2012 by the author and Südwestdeutscher Verlag für Hochschulschriften GmbH & Co. KG and licensors
All rights reserved. Saarbrücken 2012

INHALTSVERZEICHNIS

1 Einleitung   **1**
    1.1   Ziele der Arbeit   2
    1.2   Gliederung   3

2 Grundlagen   **4**
    2.1   Grundgleichungen der Rayleigh-Bénard-Konvektion   4
    2.2   Stabilitätsproblem   10
    2.3   Turbulenz   10
    2.4   Kohärente Zirkulationen   12

3 Strömungsmesstechnik   **19**
    3.1   Beschreibung von Strömungen in Fluiden 19
    3.2   Methoden zur Messung von Geschwindigkeitsfeldern 20
        3.2.1   Hitzdraht- oder Heißfilmanemometrie 20
        3.2.2   Laser-Doppler-Anemometrie (LDA) 21
        3.2.3   Particle-Image-Velocimetry (PIV) 21
        3.2.4   Dual-Plane-PIV 22
        3.2.5   Scanning-PIV 22
        3.2.6   Tomographic-PIV 23
        3.2.7   Holographic-PIV (HPIV) 23

Inhaltsverzeichnis

	3.2.8	Particle-Tracking-Velocimetry (PTV)	24
	3.2.9	Vergleich der vorgestellten Messmethoden	24

4 Particle-Tracking-Velocimetry 25

- 4.1 Das zentralperspektive Abbildungsmodell 26
- 4.2 Bildvorverarbeitung und Bildkoordinatenbestimmung 28
- 4.3 Mehrbildzuordnung und Objektkoordinatenbestimmung 31
- 4.4 Kalibrierung 32
- 4.5 Tracking 33
- 4.6 PTV-Wiki 35

5 Vorversuche in einer rechteckigen Raumzelle 37

- 5.1 Experimenteller Aufbau 37
  - 5.1.1 Kamerasystem 37
  - 5.1.2 Beleuchtung 40
  - 5.1.3 Kamerakalibrierung 42
- 5.2 Tracer-Partikel 43
  - 5.2.1 Heliumgefüllte Seifenblasen 44
    - Seifenblasengenerator 45
    - Anzahl und Lebensdauer der Blasen 46
    - Sichtbarkeit der Blasen 50
    - Durchmesser der Blasen 52
  - 5.2.2 Heliumgefüllte Latexballons 53
- 5.3 Folgeverhalten von Tracer-Partikeln 53
- 5.4 Validierung des PTV-Systems 58
- 5.5 Partikel-Tracking mit Radar-Technik 60

6 Untersuchungen im Ilmenauer Fass 66

- 6.1 Experimenteller Aufbau 66
  - 6.1.1 Kamerakalibrierung 70
- 6.2 Messung von groß-skaligen Zirkulationen mit heliumgefüllten Seifenblasen . . 70
- 6.3 Messung von groß-skaligen Zirkulationen mit heliumgefüllten Latexballons . . 71
  - 6.3.1 Räumliche Struktur bei $\Gamma = 2$ 75
  - 6.3.2 Statistische Analyse von Lagrangeschen Trajektorien 79
  - 6.3.3 Vergleich mit Stereo-PIV-Daten 83

	6.3.4 Fehlerbetrachtung	85
7	**Zusammenfassung und Ausblick**	**88**
	7.1 Zusammenfassung	88
	7.2 Ausblick	90

Literaturverzeichnis   **91**

KAPITEL 1

EINLEITUNG

Die thermische Konvektion ist eine der am weitesten verbreiteten Art der Fluidströmung in der Natur [1]. Eine ebenso große Rolle spielt die thermische Konvektion in den unterschiedlichsten Bereichen der Technik. Ein Beispiel dafür ist die Wärmeübertragung durch strömende Medien in Heizungsanlagen und die Kühlung von Schmelzen oder elektrischen Bauteilen. Eine weitere und sehr aktuelle technische Anwendung der thermischen Konvektion stellt heutzutage die optimale Klimatisierung von Räumen und Passagierkabinen dar.

Die thermische Konvektion in geschlossenen Räumen wird zur Charakterisierung ihrer Eigenschaften in zwei Bereiche unterteilt: die Grenzschicht mit großem Temperaturgradienten und diffusiver Wärmeübertragung und klein-skaligen Strömungsstrukturen und der Bulk-Bereich mit konstanter Temperatur und groß-skaligen Zirkulationsströmungen. Beide Bereiche haben einen großen Einfluß auf den Wärmetransport, wobei die groß-skaligen, oft sehr stabilen Strukturen bisher wenig erforscht wurden. Aber gerade diese können in Stahlschmelzen das Abkühlverhalten und in Raumluftströmungen die Behaglichkeit der Insassen entscheidend verändern.

Eine besonders einfache Form der thermischen Konvektion stellt die so genannte Rayleigh-Bénard-Konvektion dar und sie wird deshalb oft als Modellexperiment benutzt. Die Rayleigh-Bénard-Konvektion tritt in einer eingeschlossenen Fluidschicht auf, welche sich in einem Schwerefeld zwischen zwei horizontalen Platten befindet, wobei die untere Platte isotherm beheizt und die obere Platte isotherm

1 Einleitung

gekühlt wird. Der vertikale Temperaturgradient in der Fluidschicht ruft einen Dichteunterschied hervor. Es wirken Auftriebskräfte, die zu einer Konvektionsströmung führen. Dabei hängt der konvektive Wärmetransport stark von den zeitlichen und räumlichen Eigenschaften des Geschwindigkeitsfeldes ab. Darüber liegen bisher nur sehr wenige experimentelle Daten vor, insbesondere im Falle der groß-skaligen Zirkulationsströmungen.

In der vorliegenden Dissertation wird ein Messverfahren beschrieben, welches diese groß-skaligen Zirkulationen in einer Rayleigh-Bénard-Zelle untersucht. Als Grundlage dazu dient die photogrammetrische 3D-Particle-Tracking-Velocimetry (PTV), die bisher zur Untersuchung von Messvolumina < 1 m^3 angewendet worden ist und jetzt zur dreidimensionalen Analyse in einer 7 m hohen und 7 m breiten zylindrischen luftgefüllten Konvektionszelle eingesetzt wird. Die Voruntersuchungen dazu werden in einer rechteckigen Zelle mit den Abmessungen 4,2 m $\times$ 3,6 m $\times$ 3,0 m durchgeführt. Dabei müssen die einzelnen Komponenten, wie Kamerasystem, Beleuchtung, Tracer-Partikeln sowie auch die Auswertesoftware getestet und an das große Messvolumen angepasst werden.

Im nächsten Schritt werden das PTV-System im weltweit größten Rayleigh-Bénard-Experiment "Ilmenauer Fass" aufgebaut und experimentelle Untersuchungen der groß-skalige Zirkulationen bei Rayleigh-Zahlen von $Ra = 7,5 \times 10^{10}$ und $Ra = 1,3 \times 10^{11}$ und einem Aspektverhältnis von $\Gamma = 2$ durchgeführt. Dabei befindet sich die Konvektionsströmung in einem turbulenten Zustand und ist durch hohe Komplexität und zeitlich sowie räumlich ungeordnetes Verhalten gekennzeichnet.

1.1 Ziele der Arbeit

Im Fokus der vorliegenden Dissertation "Entwicklung und Anwendung eines Partikel-Tracking-Velocimeters zur Untersuchung von groß-skaligen Strukturen in thermischer Konvektion" steht die Entwicklung eines dreidimensionalen Verfahrens zur Untersuchung von Konvektionsströmungen in einem sehr großen Messvolumen von bis zu mehreren hundert Kubikmetern.

Die Arbeit hat einen experimentellen Charakter und lässt sich in einen methodischen Abschnitt und in einen Anwendungsbereich unterteilen:

- Aufbau eines 3D-PTV-Systems für ein sehr großes Messvolumen mit Einsatz neuer Tracer-Partikel und Kalibriertechniken.

- Untersuchung der Struktur der groß-skaligen Zirkulationsströmungen mit Modencharakterisierung und Lagrangescher Analyse in der Konvektionszelle "Ilmenauer Fas" bei Aspektverhältnis $\Gamma = 2$ und zwei unterschiedlichen Rayleigh-Zahlen.

Sowohl Aufbau, Kalibrierung und Validierung des 3D-PTV-Systems mit detaillierter Charakterisierung verschiedener Tracer-Partikel, als auch deren Einsatz zur Untersuchung der zeitlichen und räumlichen Eigenschaften von groß-skaligen Zirkulationen in thermischer Konvektion sollen einen originellen Beitrag zur Weiterentwicklung der Strömungsmesstechnik liefern und die Voraussetzung für die systematische Untersuchung der Strukturbildung in thermischer Konvektion schaffen.

1.2 Gliederung

Die Arbeit gliedert sich in sieben Kapitel.

Das erste Kapitel beinhaltet die Einführung in die Thematik und die Ziele der Arbeit.

Kapitel 2 beschreibt die Grundgleichungen der Strömungsmechanik. Im zweiten Teil findet man einen ausführlichen Überblick über experimentelle und theoretische Studien zum Thema Rayleigh-Bénard-Konvektion und die daraus resultierende Ergebnisse. Im Fokus dieses Überblicks stehen die kohärenten Zirkulationen.

In Kapitel 3 werden die vorhandenen Messmethoden vorgestellt und anschließend verglichen.

Kapitel 4 beinhaltet die fotometrischen Grundlagen der Particle-Tracking-Velocimetry und die Anpassung der Signalverarbeitung an sehr große Messvolumina.

Kapitel 5 stellt den Aufbau des PTV-Systems in einer rechteckigen Testzelle vor und beschreibt die einzelnen Komponenten des Systems. Weiterhin werden hier die Entwicklung von heliumgefüllten Seifenblasen und deren Eigenschaften diskutiert. Anschließend wird das PTV-System validiert und die Messgenauigkeit bestimmt.

In Kapitel 6 werden der Aufbau des Systems im "Ilmenauer Fass" und die mit heliumgefüllten Latexballons erzielten exemplarischen Messergebnisse dargelegt und diskutiert.

Kapitel 7 dient für Zusammenfassung und Ausblick der Arbeit.

KAPITEL

2

GRUNDLAGEN

In diesem Kapitel werden die allgemeinen theoretischen Grundlagen erklärt, auf welchen die vorliegende experimentelle Arbeit aufbaut. Dabei handelt es sich zum einen um die Eigenschaften von thermischen Konvektionsströmungen in einem groß-skaligen Modellexperiment zur Rayleigh-Bénard-Konvektion und zum anderen um die Aufnahme- und Auswerteprinzipien von Methoden der bildgebenden Strömungsmessverfahren.

2.1 Grundgleichungen der Rayleigh-Bénard-Konvektion

Die Rayleigh-Bénard-Konvektion (RB-Konvektion) ist eine Form der thermischen Konvektion, die dann entsteht, wenn ein geschlossenes vollständig mit einem Fluid gefülltes Gefäß isotherm von unten mit der Temperatur T_h erhitzt und von oben mit der Temperatur T_k gekühlt wird. Eine weitere wichtige Randbedingung ist, dass kein Wärmeaustausch zwischen Fluid und Umgebung an den Seitenwänden stattfinden darf. Somit können adiabatische Seitenwände und konstante Temperaturen von Boden und Decke als die wichtigsten Randbedingungen des Systems definiert werden.
Der durch den Temperaturunterschied $\Delta T = T_h - T_k$ erzeugte Dichteunterschied verursacht eine Auftriebskraft und setzt das Fluid in Bewegung. Warmes Fluid steigt auf, kaltes sinkt nach unten und es bilden sich ab einem bestimmten Temperaturunterschied komplexe Strukturen im Geschwindigkeits- und Temperaturfeld aus. Diese Strukturbildung ist noch ein aktueller Forschungsgegenstand und lässt

2.1 Grundgleichungen der Rayleigh-Bénard-Konvektion

sich trotz vieler Fortschritte nur eingeschränkt theoretisch behandeln.

Um die RB-Konvektion in einer Fluidschicht zu beschreiben, wird neben Navier-Stokes- und Energiegleichung die sogenannte Oberbeck-Boussinesq-Approximation (oder nur Boussinesq-Approximation) benutzt. Sie nutzt die Annahme, dass sich für kleine Temperaturunterschiede alle Stoffparameter (c_V - spezifische Wärmekapazität bei konstantem Volumen, ν - kinematische Viskosität, α - thermischer Ausdehnungskoeffizient und κ - Temperaturleitfähigkeit) nur unbedeutend ändern und als konstant angenommen werden können. Ausgenommen davon ist die Dichte, wenn sie einen Auftrieb verursacht [2, 3]. Dann verwenden wir den folgenden Ansatz für die Dichte ρ:

$$\rho = \rho_0 \{1 - \alpha(T - T_0)\}, \tag{2.1}$$

wobei ρ_0 die Fluiddichte bei der Temperatur T_0 ist.

Der Nachteil bei dieser Annahme ist, dass bei großen Temperaturunterschieden ΔT eine Abweichung vom linearen Zusammenhang beobachtet wird.

Die RB-Konvektion lässt sich wie alle strömende Fluiden mit der Navier-Stokes-Gleichungen beschreiben. Hier ist allerdings das vektorielle Geschwindigkeitsfeld mit dem skalaren Temperaturfeld gekoppelt. Dies wird durch die Auftriebskraft im dritten Term auf der rechten Seite der Gleichung (2.2) dokumentiert.

Die Navier-Stokes-Bewegungsgleichung folgt aus dem Impulserhaltungssatz der Fluidmechanik:

$$\frac{\partial \vec{v}}{\partial t} + (\vec{v}.\nabla)\vec{v} = -\frac{1}{\rho_0}\nabla p + \nu \nabla^2 \vec{v} - g\{1 - \alpha(T - T_0)\}, \tag{2.2}$$

wobei $\vec{v}$ die Geschwindigkeit, g die Erdbeschleunigung, und p der isotrope Druck sind.

Die Kontinuitätsgleichung repräsentiert die Massenerhaltung. Mit der Annahme, dass das Fluid in der RB-Zelle inkompressibel ist, lautet die Kontinuitätsgleichung:

$$\nabla.\vec{v} = 0. \tag{2.3}$$

Zum Schluss verwenden wir noch die Energiegleichung, die das Temperaturfeld über den Energieerhaltungssatz beschreibt. Bei Vernachlässigung der Änderung der inneren Energie lautet sie:

$$\frac{\partial T}{\partial t} + (\vec{v}.\nabla)T = \kappa \nabla^2 T, . \tag{2.4}$$

Nach Umformung und Normierung sind alle Größen dimensionslos und das Gleichungssystem (2.2) - (2.4) bekommt die folgende Form:

$$\frac{\partial \vec{v}}{\partial t} + (\vec{v}.\nabla)\vec{v} = -\nabla p + \underbrace{\frac{\nu}{\kappa}}_{Pr} \nabla^2 \vec{v} + \underbrace{\frac{\nu g \alpha \Delta T H^3}{\nu \kappa^2}}_{PrRa} T, \tag{2.5}$$

2 Grundlagen

$$\nabla \cdot \vec{v} = 0, \qquad (2.6)$$

$$\frac{\partial T}{\partial t} + (\vec{v} \cdot \nabla)T = \nabla^2 T. \qquad (2.7)$$

Daraus ergeben sich zwei charakteristische Kennzahlen der RB-Konvektion. Die Rayleigh-Zahl (Ra) beschreibt den Charakter der Wärmeübertragung innerhalb der Fluidschicht. Wenn Ra unterhalb eines kritischen Wertes bleibt, ist die Wärmeübertragung primär durch Wärmeleitung gegeben und die Konvektion wird durch die Viskosität des Fluids unterdrückt. Wenn die Auftriebskräfte größer als die Reibungskräfte sind, geschieht die Wärmeübertragung hauptsächlich durch Konvektion.

Die Prandtl-Zahl (Pr) beschreibt den molekularen Transport im Arbeitsmedium und stellt eine reine Stoffeigenschaft dar. Sie entspricht dem Verhältnis zwischen der durch innere Reibung (Viskosität) erzeugten Wärme und der durch Diffusion abgeführten Wärme. Somit können die Rayleigh-Zahl und die Prandtl-Zahl wie folgt definiert werden:

$$Ra = \frac{\alpha g \Delta T H^3}{\nu \kappa}, \qquad (2.8)$$

$$Pr = \frac{\nu}{\kappa}, \qquad (2.9)$$

wobei α der thermische Ausdehnungskoeffizient, g die Erdbeschleunigung, ν die kinematische Viskosität, κ die Temperaturleitfähigkeit, H der Abstand zwischen Heiz- und Kühlplatte und ΔT der Temperaturunterschied zwischen Heiz- und Kühlplatte sind.

Um die Geometrie der Konvektionszelle zu beschreiben, wird eine weitere dimensionslose Zahl eingeführt: das Aspektverhältnis Γ. Bei einer zylinderförmigen Zelle entspricht es dem Verhältnis zwischen dem Durchmesser D und dem Abstand H zwischen Heiz- und Kühlplatte:

$$\Gamma = \frac{D}{H}. \qquad (2.10)$$

Eine andere wichtige dimensionslose Kennzahl ist die Nusselt-Zahl (Nu). Sie spiegelt das Verhältnis zwischen konvektivem und diffusivem Wärmeübergang wieder und ist wie folgt definiert:

$$Nu = \frac{hl}{\lambda}, \qquad (2.11)$$

wobei h der konvektive Wärmeübergangskoeffizient, l eine charakteristische Länge (hier die Dicke der Fluidschicht, durch die der Wärmetransport erfolgt) und λ die Wärmeleitfähigkeit des Fluids sind.

2.1 Grundgleichungen der Rayleigh-Bénard-Konvektion

Die Nu-Zahl kann als dimensionsloser Wärmestrom aufgefasst werden, der von der Intensität der Konvektion, den Stoffeigenschaften des Fluids und von der Geometrie der Konvektionszelle abhängt:

$$Nu = f(Ra, Pr, \Gamma). \tag{2.12}$$

Dieser Wärmestrom ist bei der Rayleigh-Bénard-Konvektion von besonderem Interesse, weil der integrale Wärmedurchgang durch eine Fluidschicht für die ingenieurtechnische Anwendung z.b. bei der Wärmeübertragung oder der Wärmeisolation eine große Rolle spielt.

Trotz der sehr einfachen Geometrie der Rayleigh-Bénard-Zelle und der zahlreichen theoretischen und experimentellen Arbeiten gibt es bis jetzt noch keine allgemein anerkannte Theorie zur Beschreibung des Wärmeüberganges. Es ist noch nicht geklärt, ob ein einfaches Potenzgesetz ausreicht, um die Zusammenhänge zwischen Nu, Ra, Pr und Γ zu beschreiben, oder ob eine komplexere Funktion notwendig ist.

Eine der ersten Studien auf diesem Gebiet wurde von Malkus im Jahr 1954 durchgeführt [4]. Er postulierte das Potenzgesetz:

$$Nu \sim Ra^{1/3}. \tag{2.13}$$

Analysen früherer experimenteller Arbeiten, wie z.B. von Goldstein and Tokuda haben diesen Exponenten bestätigt [5]. Heute denkt man eher, dass damals dieser 1/3-Exponent mit nur limitierte Genauigkeit bestimmt werden konnte, weil der Rayleigh-Zahl-Bereich vergleichsweise eingeschränkt gewesen ist. Die Anwendung von Helium bei tiefen Temperaturen als Arbeitsfluid ermöglichte die Erfassung eines breiteren Rayleigh-Zahl-Bereiches [6, 7, 8]. Aus den Ergebnissen dieser Experimente ging eine andere Potenzabhängigkeit hervor:

$$Nu \sim Ra^{2/7}. \tag{2.14}$$

Weitere experimentelle und theoretische Studien konnten diese 2/7-Potenzabhängigkeit bestätigen [9, 10, 11, 12].

Niemela et al. führten Experimente in Helium bei tiefen Temperaturen (Pr $\approx$ 1) für $10^6 \leq$ Ra $\leq 10^{17}$ unter sehr gut kontrollierten Bedingungen durch und erhielten die Relation Nu = 0,124 · $Ra^{0,309}$ [13]. Sie wiesen weiterhin darauf hin, dass die Kenntnis der Stoffwerte wichtig für die Auswertung ist und analysierten die Daten von Wu & Libchaber [8] mit Stoffdaten höherer Genauigkeit und erhielten Nu = 0146 · $Ra^{0,299}$.

Kraichnan [14] und später Spiegel [15] postulierten das "ultimative Regime" bei sehr großen Rayleigh-Zahlen. In diesem Regime werden die Wärmeübertragung und die Turbulenzintensität unabhängig von der kinematischen Viskosität ν und der Temperaturleitfähigkeit κ. Sie ermittelten einen Exponenten von

2 Grundlagen

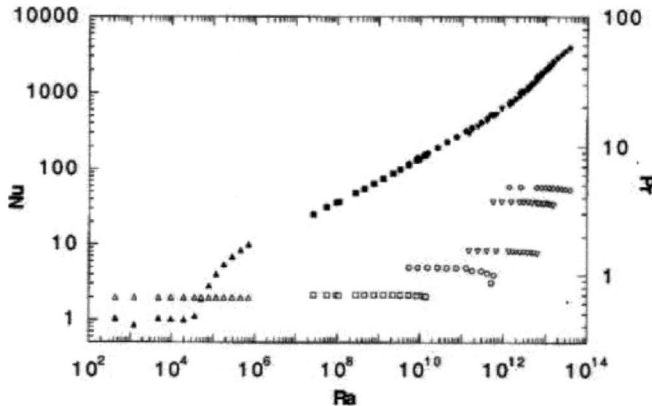

Abbildung 2.1: Totaler Wärmestrom in Form von Nusselt-Zahl (volle Symbole) als Funktion von Rayleigh-Zahl. Nach konstantem Verlauf bis $Ra = 10^4$ steigt Nu plötzlich, entsprechend einem leicht nichtlinearem Regime. Danach ist die Nusselt-Zahl proportional zu Ra^β. Der Exponent β ist zwischen 10^7 und 10^{11} näherungsweise 2/7 und geht bei höheren Ra-Zahlen in 1/2 über. Quelle: Roche *et al.* [17].

0,5, sodass:

$$Nu \sim Ra^{1/2} \tag{2.15}$$

gilt.

Die Existenz dieses Regimes ist noch nicht eindeutig bewiesen. Experimentelle Hinweise über den Übergang zum ultimativen Regime in Quecksilber [11] und in Helium bei tiefen Temperaturen [16, 17] konkurrieren mit anderen Experimenten, die keine Hinweise für einen Übergang zeigen [18, 13]. Allerdings deuten Veränderungen der Grenzschichteigenschaften bei Ra > 10^{12} in neuen Experimenten von Gauthier und Roche [19] auf einen Übergang zum ultimativen Regime hin.

Abbildung 2.1 ist typisch für die Ergebnisse der meisten Experimente. Wir betrachten hier nur die Beziehung Nu = f(Ra) (volle Symbole), weil in der vorliegenden Arbeit Pr = 0,7 = const. ist. Man kann deutlich die oben diskutierten verschiedenen Regime erkennen. Der Übergang zum turbulenten Regime findet bei Ra ≈ 10^5 statt, gefolgt von der so genannten "soft turbulence"[1]. Der Übergang von "soft" zu "hard turbulence"[2] mit dem Exponent β = 2/7 (in einige Publikationen auch β = 1/3) erfolgt bei Ra ≈ 10^7 und ab Ra ≈ 10^{12} finden wir das "ultimative" Regime mit der Tendenz zu β = 1/2.

---

[1] soft turbulence (engl.) - weiche Turbulenz
[2] hard turbulence (engl.) - harte Turbulenz

2.1 Grundgleichungen der Rayleigh-Bénard-Konvektion

Während der turbulente Wärmetransport als Funktion der Rayleigh-Zahl und der Prandtl-Zahl detailliert untersucht wurde [20], sind systematische Untersuchungen zur Abhängigkeit der Wärmetransportes vom Seitenverhältnis Γ selten. Dabei ist der Fall $\Gamma > 1$ für die meistens geowissenschaftlichen und viele ingenieurtechnische Anwendungen (z.b. Raumluftströmungen) von großer Bedeutung. Experimente zu diesem Punkt wurden von Wu und Libchaber [8], Funfschilling *et al.* [21], Sun *et al.* [22] und du Puits *et al.* [23] durchgeführt. In diesen Experimenten wird gewöhnlich das Aspektverhältnis mittels Veränderung der Höhe variiert. Das spiegelt sich in der Rayleigh-Zahl wieder (Ra $\sim H^3$), die dann über die Temperaturdifferenz ausgeglichen werden muss. Diese darf jedoch nicht zu stark variiert werden, wenn die anderen Stoffparameter, wie z.b. die Prandtl-Zahl konstant bleiben soll. Das führt dazu, dass in Konvektionszellen mit konstantem Durchmesser nicht viel mehr als eine Größenordnung von Ra abgetastet werden kann.

In allen derartigen Experimenten wurde eine mehr oder weniger starke Abhängigkeit des Wärmetransportes von Γ festgestellt. Wu und Libchaber [8] folgerten aus ihren Messungen, dass das algebraische Skalengesetz für den turbulenten Wärmetransport die Form

$$Nu(Ra, \Gamma, Pr \approx const.) = A(\Gamma) \times Ra^{\beta_2} \qquad (2.16)$$

hat, d.h. einen geometrieabhängigen Vorfaktor A und einen Exponenten $\beta = 2/7$ aufweist.

Sun *et al.* [22] folgerten aus ihren umfangreichen Studien, dass der beste Fit ihrer Daten mit der Formel

$$Nu(Ra, \Gamma, Pr \approx const.) = A_1(\Gamma) \times Ra^{\beta_1} + A_2(\Gamma) \times Ra^{\beta_2} \qquad (2.17)$$

und mit β_1 = 1/3 und β_2 = 1/5 gelingt. Sie beobachteten Variationen des Wärmetransportes im Prozentbereich. Für $\Gamma > 10$ verschwindet die Abhängigkeit von Γ.

Funfschilling *et al.* [21] fanden im Gegensatz dazu keine systematische Γ-Abhängigkeit. Fits der Daten mit dem algebraischen Skalengesetz

$$Nu(Ra, \Gamma, Pr \approx const.) = A \times Ra^{\beta} \qquad (2.18)$$

ergaben Exponenten von β = 0,28 für Ra $\sim 10^8$, die bis zu β = 0,33 für Ra $\gtrsim 10^{10}$ anwuchsen.

Auf numerischer Seite gibt es Untersuchungen von Hartlep *et al.* [24], die jedoch stärker auf die Abhängigkeit der groß-skaligen Strömungsmuster von der Prandtl-Zahl fokussiert waren.

Als groß-skalige Strömungsmuster verstehen wir Zirkulationsströmungen in der Konvektionszelle in Form von zeitlich und räumlich stabilen Rollen und Walzen. Bildet sich nur eine große Rolle aus, so wird diese Struktur oft als Wind bezeichnet.

Aus numerischen Simulationen [24, 25] und Experimenten [23] ist bekannt, dass der Wind bei größeren Aspektverhältnissen zusammenbricht. Dieser Fakt findet in den Skalentheorien des turbulenten Wärme-

2 Grundlagen

transports [26, 27] keinen Ausdruck. Selbst eine Verfeinerung der ursprünglichen Grossmann-Lohse-Skalentheorie [28], die von Γ abhängige Grenzschichtdicken an Bodenplatte und Seitenwänden berücksichtigt und auf einem Kontinuitätsargument und damit auf die Existenz einer groß-skaligen Zirkulation aufbaut, kann den Γ-Einfluß nicht vollständig erklären. Es ist demzufolge noch unklar, ob und wie der Zusammenbruch des Windes und die Entstehung von komplexeren Zirkulationsmustern die Grenzschicht und den Wärmetransport beeinflusst.

2.2 Stabilitätsproblem

Die Dichteunterschiede in einer von unten beheizten und von oben gekühlten Fluidschicht bedingen den thermischen Auftrieb. Bei ausreichend starken Auftriebskräften entstehen zunächst kleine stationäre Konvektionszellen. Bei weiterer Erhöhung der Auftriebskräfte bilden sich groß-skalige räumliche Strukturen im Strömungsfeld aus. Dabei ist die entstehende Konvektionsströmung zunächst laminar, dann stark oszillierend und später voll turbulent.

Die große Anzahl an Experimenten auf diesem Gebiet bildet die Grundlage für eine verallgemeinerte Darstellung der unterschiedlichen Strömungsarten für verschiedene Bereiche des Ra-Pr-Parameterraumes. Dieses Wissen ist in Abbildung 2.2 zusammengefasst.

Die mit I gekennzeichnete horizontale Linie markiert die kritische Rayleigh-Zahl Ra_c, die unabhängig von der Prandtl-Zahl ist. Im Bereich mit $Ra < Ra_c \approx 1708$ ist die Wärmeleitung dominierend. Dieser Bereich ist durch den ruhenden Zustand des Fluids gekennzeichnet. Die Konvektion beginnt erst oberhalb Ra_c und hat zunächst zweidimensionale Strömungsstrukturen.

Die II-gekennzeichnete Linie markiert den Übergang zwischen zweidimensionaler und dreidimensionaler stationärer Konvektionsströmung.

Linie III zeigt die Rayleigh-Zahl, bei der ein dritter Übergang passiert und die Strömung instationär wird, bevor sie bei weiterer Erhöhung der Rayleigh-Zahl (Linie V) turbulentes Verhalten aufweist.

2.3 Turbulenz

Die meisten Strömungen, die in der Natur und der Technik auftreten, sind turbulent. Die Grenzschicht der Erdatmosphäre ist turbulent, ebenso die Jetstreams in der oberen Troposphäre. Auch Kumuluswolken sind in turbulenter Bewegung. Die Wasserströmungen unter der Oberfläche des Ozeans sind turbulent, der Golfstrom ist ein populäres Beispiel. Die Photosphäre der Sonne und ähnlicher Sterne sind in turbulente Bewegung, interstellare Gaswolken ebenfalls. Die meisten Verbrennungsprozesse verursachen Turbulenz und sind sogar oft davon abhängig.

2.3 Turbulenz

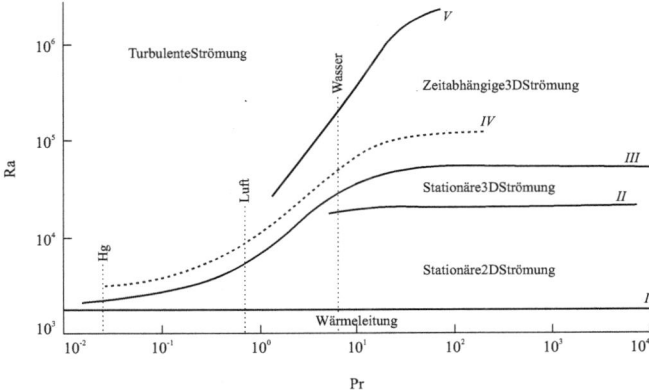

Abbildung 2.2: Übersicht über die Strömungsarten der Rayleigh-Bénard-Konvektion im Ra-Pr-Parameterraum nach Krishnamurti [29].

Trotzdem ist es schwierig, eine präzise Definition für Turbulenz zu geben. Tennekes und Lumley [30] vermeiden dies deshalb und stellen dafür eine Liste mit Eigenschaften von turbulenten Strömungen vor. Diese Eigenschaften sind:

- *Unregelmäßigkeit*, oder Zufälligkeit — macht deterministische Methoden nicht anwendbar für turbulente Strömungen; stattdessen verlässt sich man auf statistische Methoden,

- *Diffusivität* — verursacht rapides Mischen und dadurch den Anstieg des Impuls-, Wärme- und Massentransportes. Bei der Rayleigh-Bénard-Konvektion führt das starke Mischen dazu, dass sich im mittleren Bereich des Behälters eine konstante Temperatur einstellt, während der gesamte Temperaturabfall in den Grenzschichten passiert (Abbildung 2.3),

- *Hohe Reynolds-Zahlen* — oder der entsprechende Kontrollparameter, wie die Rayleigh-Zahl in unserem Fall,

- *Dreidimensionale Wirbelschwankungen* — Turbulenz ist wirbelbehaftet und dreidimensional,

- *Dissipation* — viskose Scherspannungen verursachen Reibung und führen zur Erhöhung der inneren Energie des Fluids auf Kosten der kinetischen Energie der Turbulenz,

- *Kontinuum* — sogar die kleinsten Skalen der Turbulenz sind viel größer als jedes molekulare Längenmaß,

2 Grundlagen

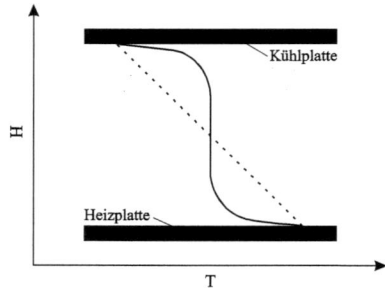

Abbildung 2.3: Schematische Darstellung des Temperaturprofils in der Rayleigh-Bénard-Konvektion: lineares Profil im Fall reiner Wärmeleitung (gestrichelte Linie) und typisches Profil in Fall von turbulenter Konvektion (durchgezogene Linie).

- *Turbulente Strömungen sind Strömungen* — Die Turbulenz ist eine Eigenschaft der Fluidströmung und nicht des Fluids, weil die gesamte Dynamik der Turbulenz für alle Fluide gleich ist, unabhängig ob es flüssig oder gasförmig ist, solange die Kontrollparameter und die Anfangs- und die Randbedingungen gleich sind.

2.4 Kohärente Zirkulationen

Kohärente Zirkulationen können als Bewegungsmuster definiert werden, die sich deutlich von dem chaotischen turbulenten Hintergrund abgrenzen und sich in Zeit und Raum wiederholen. Allerdings erlaubt diese allgemeine Definition, dass sowohl klein-skalige wirbelförmige Strukturen, als auch eine einzige große Rolle als kohärente Oszillationen behandelt werden können. Deshalb, um Missverständnisse auszuschließen, sollte man unter "kohärente Zirkulationen" die Strukturen verstehen, deren Lebensdauer vergleichbar mit der eigenen Umlaufzeit in der RB-Zelle ist. Diese Lebensdauer ist viel größer als die größten Zeitskalen der Turbulenz.

Welche Bedeutung haben diese kohärenten Zirkulationen in der Praxis? Diese Frage lässt sich am Beispiel der Raumluftströmung gut erklären.

Heutzutage ist es immer noch schwierig, gute thermische Bedingungen in Räume mit hoher Personenanzahl zu realisieren. Die Luftströmungen in großen Maßstäben wie in Kinosälen, Büroräumen und Flugzeugkabinen werden von thermischer und erzwungener Konvektion getrieben und von großskaligen kohärenten Zirkulationen beeinflusst. Diese Luftströmungen in geschlossenen oder teilweise offenen Räumen sind durch die Geometrie, die Größe der Öffnungen, die Verteilung der Wärmequellen

2.4 Kohärente Zirkulationen

und durch Ventilation beeinflussbar. Infolge dieser Wechselwirkungen sind Innenraumströmungen sehr komplex, hochturbulent, streng dreidimensional und durch groß-skalige Strukturen geprägt. Deshalb bleibt deren Beschreibung [31] ein weitgehend ungelöstes Problem in der experimentellen Strömungsmechanik. In der Grundlagenforschung mit Modellexperimenten ist die räumliche und zeitliche Dynamik der groß-skalige Strukturen auch noch nicht vollständig aufgeklärt worden.

Die Erforschung der groß-skaligen kohärenten Zirkulationen wurde erst in den letzten zwei Jahrzehnten intensiver betrieben. Eine erste ausführliche Studie wurde von Zocchi *et al.* [32] im Jahr 1990 veröffentlicht. Die Arbeit ist allerdings auf die kohärenten Strukturen in den Grenzschichten beschränkt, die aber unmittelbar mit den kohärenten Strukturen im Kernbereich (Volumen außerhalb der Grenzschichten an Heiz- und Kühlplatte) zusammenhängen. Von direkten Visualisierungsmessungen haben Zocchi *et al.* ein qualitatives Bild für das "harte" Turbulenz-Regime erstellt. Es besteht aus zwei Strukturen: die im Kernbereich vorkommenden "Plumes"[3] und die spiralförmige Wirbel entlang der Grenzschichten. Die Plumes stoßen gegen die Grenzschicht und lösen Wellen aus. Die Existenz dieser Wellen wird durch die groß-skaligen kohärenten Zirkulationen unterstützt. Sie können entweder in die oben genannte spiralförmige Wirbel (Trägheit größer als der Auftrieb) oder in Plumes (Auftrieb dominiert) übergehen. Die Plumes sind ebenfalls von den groß-skalige Zirkulationen getragen und lösen immer wieder neue Wellen aus, wenn sie auf die gegenüberliegende Platte stoßen. Abbildung 2.4 zeigt eine schematische Darstellung dieses Prozesses.

Eine etwas ältere Arbeit von Sano *et al.* [33] berichtet über die indirekte Messung von groß-skaligen kohärenten Zirkulationen in einer zylindrische Zelle mit Aspektverhältnis $\Gamma = 1$. Sie haben Korrelationen im Temperatursignal von zwei Sensoren gefunden, die in der Nähe der Heiz- und Kühlplatte befestigt waren.

Die Ergebnisse von direkten Strömungsvisualisierungen [32], von Temperatur- und Geschwindigkeitsmessungen [7, 33, 34] und von numerischen Simulationen [35] weisen für hohe Ra auf die Existenz von einer quasi-zweidimensionalen groß-skaligen Strömungsstruktur hin, die die Zelle vollständig ausfüllt. Die Eigenschaften dieser Zirkulationsströmung wurden wie folgt beschrieben: Änderung der Richtung der Drehachse entweder durch azimutale Rotation [11, 36, 37, 38] oder durch Stillstand und erneute Rotation in einer anderen Ebene [36, 39], Änderung der Drehrichtung und Oszillation der Umfangsgeschwindigkeit [40, 41].

Es gab mehrere Versuche, die Ursache der Zirkulationsströmungen zu finden. Villermaux [42] hat ein Model entwickelt, das auf der periodische Ablösung von Plumes von den Grenzschichten basiert. Ein früheres Model von Howard [43], das "bubble model", verwendet ebenfalls die Ablösung von Plumes.

---

[3]Unter "Plume" soll man pilzförmige Wirbel verstehen.

2 Grundlagen

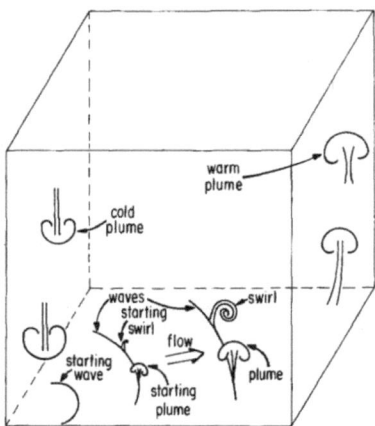

Abbildung 2.4: Schematische Darstellung der Strukturenbildung in einer RB-Zelle nach Zocchi et al. [32].

Es wird angenommen, dass die thermische Grenzschicht mit der Zeit durch die zunehmende Diffusion dicker wird. Beim Erreichen einer kritischen Dicke werden durch den Auftrieb thermischen Plumes abgestoßen. Der Prozess wiederholt sich periodisch. In späteren Experimenten konnte festgestellt werden, dass die Frequenz der Plumesablösung mit den groß-skaligen Strömungszirkulation zeitlich korreliert [44]. Demzufolge spielen die thermische Grenzschichten bzw. die Plumes die dominierende Rolle für die Entstehung der kohärenten Zirkulationsströmungen.

Die horizontale Oszillationen der Rotationsachse der groß-skalige Zirkulationströmung wurden von Funfschilling und Ahlers [37], Resagk et al. [38] und Xi et al. [45] beobachtet. Die Daten wurden von Thess und Lohse [38] mit einem Model beschrieben, welches als Ursache für die kohärente Oszillationen nicht die periodische Plumesablösung, sondern die Dynamik des Kernbereichs annimmt. In diesem Modell hat die Plumesablösung eine sekundäre Bedeutung. Neueste Experimente von Xi et al. [46] finden keine Korrelationen zwischen den Temperatursignalen von Kühl- und Heizplatte und weisen daraufhin, dass die Ursache der beobachtete Oszillationen im Kernbereich gesucht werden sollte.

Durch viele Experimente hat man heute eine recht gute qualitative Vorstellung über die räumliche Struktur der globalen Strömung und ihrer Abhängigkeit von der Rayleigh- und Prandtl-Zahl und dem Aspektverhältnis [28]. Andererseits haben Beschränkungen der verschiedenen Messtechniken auf lokale Messungen in einem einzelnem Punkt oder an mehreren Punkten entlang der Symmetrieachse der Konvektionszelle nicht erlaubt, detaillierte Daten der globalen Strömung zu gewinnen.

2.4 Kohärente Zirkulationen

Erst in den letzten Jahren hat man auf Strömungsmesstechniken wie Particle Image Velocimetry (PIV), Particle Tracking Velocimetry (PTV) und Shadowgraphy zurückgegriffen, um das globale Geschwindigkeitsfeld quantitativ zu erfassen.

Ausführliche Studien des globalen Geschwindigkeitsfeldes in turbulenter RB-Konvektion mittels PIV werden von Xia *et al.* durchgeführt. Angefangen haben sie mit einer rechteckigen Zelle mit einem Aspektverhältnis $\Gamma = 1$ im Querschnitt und $\Gamma \approx 4$ in der Tiefe [47]. Mit Wasser als Arbeitsfluid (Pr $\approx$ 4) konnten Rayleigh-Zahlen von 9×10^8 bis 9×10^{11} erreicht werden. Von dem gemessenen zweidimensionalen Geschwindigkeitsfeld leiteten sie vier Besonderheiten der Strömung ab:

- Eine groß-skalige Zirkulation in Form einer Ellipse bildet sich um einen Kernbereich mit kleiner Geschwindigkeit aus.

- In den Ecken entstehen sowohl Sekundärwirbel als auch Totwassergebiete.

- Die elliptische Zirkulationsströmung hat keine konstante Umfangsgeschwindigkeit und ihre Hauptachse ist entlang der Hauptdiagonalen ausgerichtet. Wir finden Bereiche mit hoher Geschwindigkeit zwischen "Acht- und Ein-Uhr", sowie zwischen "Zwei- und Sieben-Uhr".

Weiterhin haben sie die Abhängigkeit der "Wind"-Geschwindigkeit von der Rayleigh-Zahl ($V \sim Ra^\gamma$, wobei γ in der Literatur zwischen 0,3 und 0,5 schwankt [48, 49, 50, 51]) untersucht und dabei folgendes festgestellt:

- Für $Ra > 1 \times 10^{10}$ fängt auch der Kern der groß-skalige Zirkulation an zu rotieren.

- Die Rotationsfrequenz der groß-skalige Zirkulation kann mit der mittleren "Wind"-Geschwindigkeit und somit mit den Exponent $\gamma = 0,5$ in $V \sim Ra^\gamma$ beschrieben werden, während der innere Kern mit einem Exponent $\gamma = 0,4$ skaliert. Dieses Ergebnis weist darauf hin, dass ein Exponent allein nicht ausreicht, um die verschiedenen Antriebsmechanismen der Strömung zu beschreiben.

- Mit Erhöhung der Rayleigh-Zahl drückt sich der Wind immer mehr an die Seitenwände der Zelle.

In einem weiteren Experiment haben Sun *et al.* [52] das zweidimensionale Geschwindigkeitsfeld in einer zylindrischen Zelle mit dem Aspektverhältnis $\Gamma = 1$ untersucht. Das Arbeitsfluid war Wasser (Pr = 4,3) und die Rayleigh-Zahl wurde bei $Ra = 7 \times 10^9$ konstant gehalten. In dieser Arbeit legen sie einen direkten quantitativen Beweis für das "flywheel"[4] Model der Zirkulationsströmung in Konvektionszellen mit $\Gamma = 1$ vor, welches zuerst von Zocchi *et al.* [32] beobachtet, von Kadanoff [53] verallgemeinert und später von Qui *et al.* [49] modifiziert wurde. Weiterhin berichten sie über die zufällige Umkehr der

---
[4] flywheel (engl.) - Schwungrad

2 Grundlagen

"Wind"-Richtung, die sie in Zusammenhang mit früheren Temperaturmessungen [49] auf die zufällig wechselnde Ablösung von warmen und kalten Plumes zwischen den zwei entgegengesetzten Seiten der Zelle zurückführen. Mit der Messungen der Phasenverschiebung zwischen der wandnahen vertikalen Geschwindigkeit und der horizontalen Geschwindigkeit in Mitte der Zelle erklären sie die horizontale Oszillation des "Windes" durch aufsteigende und fallende Plumes.

In einer neueren Studie berichten Xia *et al.* über die räumliche Struktur der groß-skalige Zirkulation für verschiedene Aspektverhältnisse [54] in einer wassergefüllten rechteckigen Zelle. Es wurde herausgefunden, dass die Anzahl der Konvektionsrollen systematisch von dem Aspektverhältnis abhängt. Für Γ = 1, Γ = 2, Γ = 4, Γ = 9,9 und Γ = 19,3 erhält man 1, 1, 2, 3 und 5 Rollen.

Die Tendenz zur Auflösung der groß-skaligen Zirkulation bei steigendem Aspektverhältnis wurde auch von du Puits *et al.* [23] beobachtet. Bei verschiedenen Aspektverhältnisse (Γ = 1,13...11,3) haben sie die lokale Temperatur und zwei horizontale Geschwindigkeitskomponenten entlang die zentrale Achse der zylindrischen Zelle gemessen. Aus der Autokorrelation der Signale unter bzw. über Kühl- und Heizplatte werden Rückschlüsse auf die globale Strömungsstruktur gezogen. Von Γ = 1,13 bis Γ = 1,5 gibt es klare Hinweise über die Existenz einer großen Rolle, was mit früheren Beobachtungen übereinstimmt. Jedoch passiert bei Γ = 1,89 eine drastische Veränderung in den Autokorrelationsfunktionen von Temperatur und Geschwindigkeit, die mit dem Zerfall der große Rolle zu zwei kleinere Rollen mit variabler Form und Position erklärt wird. Bei Γ = 3,66 sieht man weitere Änderungen in den Zeitreihen von Temperatur und Geschwindigkeit, die mit dem Übergang zu mehreren kleinen Rollen gedeutet werden. Der erste Übergang bei Γ = 2 wurde bei früheren Stereo-PIV-Messungen bereits vermutet [55, 56]. Die Stereo-PIV-Aufnahmen haben gezeigt, dass bei Γ = 2 drei Zustände des "Windes" vorkommen: eine große Rolle, die den ganzen Querschnitt ausfüllt, zwei kleinere achsensymmetrisch angeordnete Rollen und eine wandparallele Strömung.

Funfschilling und Ahlers [37] haben Shadowgraph-Bilder oberhalb der Heizplatte und unterhalb der Kühlplatte einer zylindrischen Zelle mit Γ = 1 und Pr = 6 gemacht, um den Winkel der horizontalen Geschwindigkeitskomponente der Plumes und dadurch die Richtung der groß-skalige Zirkulationen zu bestimmen. Sie haben beobachtet, dass von oben betrachtet, die Plumes wie Streifen aussehen, die sich entlang der Platten bewegen und in Bewegungsrichtung gestreckt sind. Weiterhin berichten sie über Oszillationen der Richtung der Plumes und übertragen dies auf die Bewegung der Rotationsachse der Zirkulationsrolle (Wind). Als letztes zeigen sie, dass warme und kalte Plumes eine Phasenverschiebung von 90° haben. Der Wind erweist sich so als sehr komplizierte dreidimensionale räumliche Struktur, die als dynamisches System mit charakteristische Frequenz betrachtet werden kann.

Xi *et al.* [57] haben die Entstehung von groß-skalige Zirkulationen mittels Shadowgraphy und PIV in

2.4 Kohärente Zirkulationen

einer zylindrischen Zelle mit $\Gamma = 1$ und Dipropylene-Glycol als Arbeitsfluid untersucht. Mit dem Experiment zeigen sie den dynamischen Charakter der horizontalen Anfangsbewegung, die für die großskalige Zirkulation benötigt wird. Der Wind stellt hier die geordnete Bewegung von Plumes dar. Die aufsteigenden (fallenden) Plumes reißen Fluid mit, wodurch sie Wirbel ausbilden, die die Ursache für die horizontale Bewegung im Fluid sind. Es wurden zwei Arten von Wechselwirkungen beobachtet: Plume-Wirbel- und Plume-Plume-Wechselwirkung. Infolge dieser Wechselwirkungen werden Plumes gruppiert und/oder sortiert und die Strömung entwickelt sich zu einer kohärenten rotierenden Bewegung, die hauptsächlich aus den Plumes besteht und die gesamte Konvektionszelle ausfüllt.

Die Untersuchung von groß-skaligen Strukturen in thermischer Konvektion ist auch seit mehr als zehn Jahren Ziel von numerischen Berechnungen. Mittels direkter numerischer Simulation (DNS), Reynolds-Averaged-Navier-Stokes-Gleichungen (RANS) und Large-Eddy-Simulation (LES) werden zeit- und ortsaufgelöste Temperatur- und Geschwindigkeitsfelder in Rayleigh-Bénard-Zellen mit immer besserer Auflösung berechnet. Eine Zusammenfassung der Ergebnisse aus den Jahren vor 2000 wird von Bodenschatz [57] gegeben. Allerdings waren zu dieser Zeit auf Grund der begrenzten Rechnerleistungen nur Simulationen bei moderaten Rayleigh-Zahlen möglich.

Hartlep, Tilgner und Busse [24] berechneten in einer ebenen Schicht mit periodischen Randbedingungen bei $Ra = 10^7$ die Konvektionsströmung und bestimmten die charakteristischen Wellenlängen der großskaligen Strukturen in Abhängigkeit von der Rayleigh-Zahl. In einer weiteren Arbeit [23] untersuchten sie den Einfluss der Prandtl-Zahl auf die Form und Stabilität der groß-skaligen Strukturen. Deren Einfluss auf den globalen Wärmetransport durch die Schicht wurde bis zu einem Aspektverhältnis von $\Gamma = 20$ simuliert.

Der Einfluss von Plumes auf die Strukturbildung war Gegenstand der theoretischen Arbeit von Shishkina und Wagner [58]. Für Rayleigh-Zahlen bis 10^{10} berechneten sie mit DNS und LES lokale Temperaturfelder, thermische Dissipationsraten und zweidimensionale Geschwindigkeitsfelder für Wasser als Arbeitsfluid.

Die ersten numerischen Simulationen für eine große zylindrische, luftgefüllte Konvektionszelle sind Gegenstand der Arbeit von Emran et al. [58]. Sie berechneten den Wärmetransport und die groß-skaligen Zirkulationen im Ra-Bereich von 10^7 bis 10^9 mit variablen Aspektverhältnis. Dabei sagten sie erstmals den im Experiment "Ilmenauer Fas" (siehe Kapitel 6) beobachten Übergang von einer großen Rolle zu zwei kleinen Rollen bei $\Gamma = 2$ vorher.

Bei Betrachtung aller bisherigen theoretischen und experimentellen Untersuchungen von groß-skaligen Strukturen in Konvektionsströmungen muss man konstatieren, dass der derzeitige Kenntnisstand über die Eigenschaften dieser Strukturen bei hohen Rayleigh-Zahlen unbefriedigend ist. Eine Motivation der

2 Grundlagen

vorliegenden Dissertation ist deshalb, mit der Entwicklung neuer bildgebender Strömungsmessverfahren wie die 3D Particle-Tracking-Velocimetrie mehr experimentelle Daten für die Beschreibung dieser für den Wärmetransport sehr wichtigen Konvektionsphänomene zu liefern.

KAPITEL

3

STRÖMUNGSMESSTECHNIK

In diesem Kapitel wird ein Überblick über ausgewählte Strömungsmesstechniken und deren Anwendbarkeit in thermischer Konvektion gegeben.

3.1 Beschreibung von Strömungen in Fluiden

Strömungen sind durch die Bewegung ihrer Elementarteilchen (oder auch Fluidteilchen genannt) gekennzeichnet. Diese Bewegung ist ganz allgemein vom Ort $\vec{r}$ und von der Zeit t abhängig. Die aus dieser Bewegung resultierende Strömungsgeschwindigkeit

$$\vec{v}(\vec{r},t) = \frac{\Delta \vec{r}}{\Delta t} \tag{3.1}$$

bewirkt die zeitabhängige Ortsänderung eines Fluidteilchens und ist wie der Weg eine gerichtete Größe und wird deshalb als Vektor dargestellt. Eine Strömung lässt sich so durch ihre Geschwindigkeitsvektoren an jedem Ort darstellen. Historisch gesehen haben sich zwei unterschiedliche Betrachtungsweisen entwickelt:

- Die *Eulersche Betrachtungsweise* beschreibt die dynamischen Größen orts- und zeitabhängig. Für vorgegebene Punkte werden Geschwindigkeit $\vec{v}$, Beschleunigung $\vec{a}$, Dichte ρ, Druck p und Temperatur T analytisch dargestellt und in Beziehung gesetzt. Diese Betrachtungsweise hat sich für die Darstellung technischer Strömungen weitgehend durchgesetzt, da die mathematischen Gleichungen zur Beschreibung von Feldern wesentlich einfacher sind und Strömungsmesstechniken meistens diese Betrachtungsweise nutzen und uns Felddaten liefern.

- Die *Lagrangesche Betrachtungsweise* beschreibt den Weg jedes Fluidteilchens bezüglich des Koordinatensystems analytisch. Als Ergebnis erhalten wir eine Bahnkurve entlang der sich Richtung, Geschwindigkeit, Beschleunigung, Dichte, Druck und Temperatur ändern. Mitbewegte Messsonden wie Bojen in Ozeanen und Wetterballons in der Atmosphäre liefern Daten für die Lagrangesche Betrachtungsweise.

3.2 Methoden zur Messung von Geschwindigkeitsfeldern

In der Strömungsmechanik sind verschiedene Methoden zur Messung von Strömungsgeschwindigkeiten bekannt. Sie unterscheiden sich jedoch deutlich in ihren physikalisch-technischen Grundlagen, in ihrer Anwendbarkeit und im Informationsgehalt ihrer Messresultate. Im Folgenden sollen einige der gebräuchlichsten Methoden kurz dargestellt werden.

3.2.1 Hitzdraht- oder Heißfilmanemometrie

Dieses Verfahren beruht auf der Abhängigkeit des Wärmetransportes eines aufgeheizten Drahtes von dem ihn umströmenden kühlenden Medium. Ein möglichst dünner Draht wird durch einen Regelkreis auf konstanter Temperatur gehalten. Durch die Strömungen im umgebenden Mediums kühlt sich der Draht ab, was zu einem stärkeren Stromfluß durch den Draht führt. Dieser Strom kann gemessen und aufgezeichnet werden und ist ein Maß für die Strömungsgeschwindigkeit. Der Sondenstrom wird in der Regel über eine Widerstandsbrücke in eine Spannung umgewandelt, mit einer Messwerterfassungskarte digitalisiert und in einem Computer weiterverarbeitet. Je nach Betriebsart der Widerstandsbrücke unterscheidet man in Konstant-Temperatur- und in Konstant-Strom (Spannung)-Anemometrie. Die zeitliche Auflösung der Messung (bis ca. 20 μs) ist dabei weniger durch die Abtastrate des A/D-Wandlers begrenzt, als durch die massebedingten thermischen Reaktionszeiten des Drahtes. In elektrisch leitenden Medien wird statt des Drahtes ein dünner Metallfilm auf einen Träger aufgetragen und von einer isolierenden Quarzschicht ummantelt. Man spricht dann von Heißfilmanemometrie.

Die meisten Systeme erlauben eine parallele Erfassung mehrerer Sondenströme. Durch kreuzweise Anordnung mehrerer Drähte in der Sonde können zwei- oder dreidimensionale Hitzdrahtanemometer realisiert werden (z.B. Tsinober *et al.* [59]). Die Anpassung an die Bedingungen des Umgebungsmediums und die nicht-linearen Beziehungen zwischen der Brückenspannung und der Strömungsgeschwindigkeit erfordern eine aufwendige Kalibrierung des Systems.

Hitzdrahtanemometer sind kommerziell in einer Vielzahl von Ausführungen verfügbar, die Methode kann jedoch nicht als berührungsloses Messverfahren gelten und erlaubt nur beschränkt simultane Messungen von Strömungsgeschwindigkeiten an mehreren Orten. Außerdem können große Temperaturfluktuationen die Kalibrierung des Hitzdrahtanemometer verfälschen, was den Einsatz dieser Methode für thermische Konvektion erschwert.

3.2.2 Laser-Doppler-Anemometrie (LDA)

Eine der am häufigsten angewendeten Methode der Strömungsmesstechnik ist die LDA, im englischen als Laser-Doppler-Velocimetry (LDV) bezeichnet (z.B. Yeh und Cummins [60], Lehmann [61], vom Stein und Pfeifer [62]). Sie beruht auf dem Doppler-Effekt bei der Wechselwirkung von Laserstrahlen an bewegten Partikeln. Die daraus resultierende Frequenzverschiebung des gestreuten Laserlichtes ist ein Maß für die Geschwindigkeit des Partikels. Ein großes Problem dieses berührungslosen Messverfahrens ist aber die Notwendigkeit der Zugabe von Tracer-Partikeln, welche die gleiche Dichte wie das Fluid haben und möglichst klein sein sollen. Phänologisch lässt sich das LDA-Verfahren auch durch die Interferenz von zwei sich schneidenden Laserstrahlen erklären. In deren Schnittbereich von wenigen hundert Mikrometern (Messvolumen) bildet sich ein Streifenmuster aus, welches vom Tracer-Partikel abgerastert wird. Die resultierende Helligkeitsschwankung kann einfach durch einen optischen Empfänger wie z.B. eine Photodiode gemessen werden. Die Frequenz der Helligkeitsmodulation ergibt multipliziert mit dem Interferenzstreifenabstand direkt den Geschwindigkeitsbetrag des Partikels senkrecht zum Streifenmuster.

Neben dem Vorteil der berührungslosen Aufnahme von eindimensionalen Strömungsfeldern, lässt sich diese Methode auch für die Detektion von zwei- und dreidimensionalen Geschwindigkeitsfeldern erweitern. Dies wird möglich, wenn man vier bzw. sechs Laserstrahlen verschiedener Wellenlängen im Messvolumen kreuzt. Hauptnachteil des Messverfahrens sind vor allem die hohen Anschaffungskosten und der Aspekt, dass die Strömung nur an einem Punkt vermessen wird. Mittels Traversierung des Systems von Punkt zu Punkt ist allerdings die Aufnahme von 1D-Profilen und 2D bzw. 3D zeitgemittelten Feldern möglich.

3.2.3 Particle-Image-Velocimetry (PIV)

Möchte man auf die Nachteile der LDA und der Hitzdrahtanemometrie verzichten, wählt man die Methode der PIV (z.B. Raffel *et al.* [63]). Ihr großer Vorteil ist neben der berührungslosen Messung, die Möglichkeit der zeitaufgelösten zweidimensionalen Messung von Geschwindigkeitsfeldern in einer

3 Strömungsmesstechnik

Ebene. Dem strömenden Fluid werden auch hier kleine Partikel zugesetzt. Ein zu einem Lichtschnitt aufgeweiteter Laserstrahl beleuchtet die Partikel pulsierend. Synchron zu den Laserpulsen werden in kurzem Abstand zwei Bilder aufgenommen. Meist werden spezielle CCD-Sensoren einer Kamera verwendet. Der zeitliche Abstand der Bilder muss an die Hauptströmungsgeschwindigkeit angepasst werden. Je schneller die Strömung ist, um so kürzer muss der Abstand gewählt werden. Die Partikel bewegen sich in der Zeit zwischen den beiden Bildern mit der lokalen Strömungsgeschwindigkeit. Die Ermittlung der Geschwindigkeitskomponenten in der Bildebene gelingt durch die Berechnung der Kreuzkorrelationsfunktion der Grauwertverteilung zwischen kleinen Bildbereichen (interrogation window) in beiden Bildern. Um die Bewegung aus den Bildkoordinaten in räumliche Koordinaten umrechnen zu können, muss die Kamera mit einem Maßstab im Objektbereich kalibriert werden.

Nachteil der Methode ist das Unvermögen der Detektion von dreidimensionalen Geschwindigkeitsfeldern infolge der nur zweidimensionalen Beleuchtung und Abbildung der Tracer-Partikel.

Durch den Einsatz einer zweiten Kamera kann das Standard-PIV-Verfahren zu einem Stereo-PIV-Verfahren erweitert werden. Das ermöglicht die Bestimmung der dritten Geschwindigkeitskomponente in der Lichtschnittebene, jedoch mit geringerer räumlicher Auflösung.

3.2.4 Dual-Plane-PIV

Die konsequente Weiterentwicklung des Stereo-PIV-Verfahrens stellt die Dual-Plane-PIV-Methode dar (z.B. Raffel *et al.* [63]). Hierbei kommt es neben dem Einsatz von zwei Doppelpuls-Lasern mit orthogonal zueinander orientiertem, linear polarisiertem Licht, zur Anwendung von vier Kameras mit entsprechenden Filtern. Die Funktionsweise entspricht dem Stereo-PIV. Einziger und entscheidender Unterschied ist das polarisierte Licht und die Filter an den Kameras. Diese gewährleisten, dass jede Kamera nur eine der zwei benachbarten Ebenen detektiert. Durch die Hintereinanderschaltung der beiden Lichtebenen bietet sich die Möglichkeit der Vergrößerung der räumlichen Auflösung der zu untersuchenden Strömung, sowie der besseren Determinierung der dritten Geschwindigkeitskomponente.

Nachteil der Methode ist neben den hohen Anschaffungskosten die immer noch begrenzte Auflösung in der Tiefe. Somit werden bei den meisten Messungen, die dieses Verfahren als Grundlage haben, nur kleine Volumina erfasst.

3.2.5 Scanning-PIV

Eine weitere Variante des PIV-Verfahrens stellt die Scanning-PIV dar (z.B. Brücker [64]). Dabei werden nacheinander mehrere Lichtschnitte in der Tiefe eingeschaltet bzw. einer nach hinten parallel verschoben. So bekommt man in kurzer Zeit Vektorplots aus verschiedenen Ebenen und somit eine Art

3.2 Methoden zur Messung von Geschwindigkeitsfeldern

dreidimensionale Aufnahme.

Der Nachteil ist, dass das Geschwindigkeitsfeld streng betrachtet nicht dreidimensional ist, sondern nur aus Schichten separater 2D-Felder besteht. Es ist technisch aufwändig und wie die anderen PIV-Verfahren nur für kleine Messvolumina geeignet.

3.2.6 Tomographic-PIV

Ein anderes Verfahren, welches auch auf der Weiterentwicklung des Stereo-PIV-Verfahren fußt, ist die Tomographic-PIV (z.B. Raffel *et al.* [63]). Sie bietet die Möglichkeit der gleichzeitigen Erfassung aller drei Geschwindigkeitskomponenten der zu untersuchenden Strömung. Das Prinzip basiert auf der tomographischen Volumenrekonstruktion, welche vor allem durch die Magnetresonanztomographie (MRT) bekannt ist. Beim Tomographic-PIV wird aus den Bildern von vier Kameras, die aus unterschiedlichen Winkeln auf das Messvolumen schauen, das Lichtintensitätsfeld der beleuchteten Partikel rekonstruiert. Eine Scheimpflug-Anordnung der Kameraobjektive sorgt dabei wie beim Stereo-PIV-Verfahren für die Fokussierung im zu vermessenden Volumen. Die Geschwindigkeitsvektoren werden hingegen mit Hilfe einer iterativen dreidimensionalen Kreuzkorrelationstechnik aus den Intensitätsdaten berechnet.

Nachteil dieser Methode ist neben der Notwendigkeit einer sehr genauen Kalibrierung die limitierte Tiefenauflösung in z-Richtung im Vergleich zur Auflösung in der xy-Ebene. Hier wird ein Wert von $0,25$ nicht überstiegen, was bei einer $10 \times 10 mm^2$ Fläche einer Ausdehnung in z-Richtung von gerade einmal $2,5mm$ entspricht. Auf Grund dessen stellt auch diese Messmethode kein räumlich hochauflösendes Verfahren dar.

3.2.7 Holographic-PIV (HPIV)

HPIV ist ein weiterer Ansatz, um die dritte Geschwindigkeitskomponente der Strömung zu erfassen (z.B. Dadi *et al.* [65], Coupland *et al.* [66], Meng *et al.* [67]). Bei dem Verfahren werden die Partikel mit Laserlicht beleuchtet und auf einer Fotoplatte aufgenommen, wobei nicht nur die gestreute oder reflektierte Lichtintensität, sondern durch einen Referenzstrahl auch die Phase registriert wird (Hinsch [68]). Aus dem gewonnenen Bild (Hologramm) wird in einem 2. Schritt ein virtuelles 3D Bild der Partikel rekonstruiert. Dafür muss das Hologramm mit demselben Referenzstrahl abgetastet werden. Nimmt man mehrere Hologramme der Partikel in definierten Zeitabständen auf, kann man damit die Verschiebungsvektoren rekonstruieren und das dreidimensionale Vektorfeld berechnen. In jüngster Zeit wird die Rekonstruktion rein digital im PC ohne Referenzstrahl durchgeführt, was zu einer erheblichen Vereinfachung des Verfahrens beigetragen hat. Der Nachteil des Verfahrens ist, dass es dennoch sehr aufwändig und nur für kleine Messvolumina geeignet ist.

3.2.8 Particle-Tracking-Velocimetry (PTV)

Der grundlegende Aufbau besteht aus mindestens zwei bis zu vier synchronisierten Kameras und einer Volumen-Beleuchtungseinrichtung für die Sichtbarmachung der Partikel. Im Gegensatz zur PIV basiert die PTV auf der Koordinatenbestimmung und Verfolgung diskreter Partikel, was eine zuverlässige Identifikation, Mehrbildzuordnung, Koordinatenbestimmung und zeitliche Zuordnung einzelner Partikel voraussetzt. Dabei treten bei hoher Partikeldichte zunehmend Mehrdeutigkeiten auf. Deshalb arbeitet man beim PTV-Verfahren generell mit einer geringeren Partikelkonzentration als beim PIV-Verfahren, wo das einzelne Partikel nicht aufgelöst wird.

Das PTV-Verfahren kann neben der Messung von dreidimensionalen Geschwindigkeitsfeldern auch für die Darstellung von einzelnen Partikeltrajektorien über einen längeren Zeitraum verwendet werden. Es eröffnet sich hiermit die Möglichkeit der Messung von Partikeltrajektorien entsprechend der Lagrangeschen Betrachtungsweise mit statistischer Analyse der Geschwindigkeits- und Beschleunigungsfluktuation entlang einer Bahnkurve.

In dieser Arbeit wird das 3D-PTV-Verfahren an sehr große Beobachtungsvolumen angepasst und für die Untersuchung der Strukturbildung in thermischer Konvektion in einer groß-skaligen Konvektionszelle angewendet. Deshalb werden im nächsten Kapitel die Grundlagen der photogrammetrischen 3D PTV-Methode im Überblick dargestellt.

3.2.9 Vergleich der vorgestellten Messmethoden

Die Tabelle 3.1 zeigt einen Vergleich der Ausdehnung des Messvolumens, der Anzahl der bestimmbaren Geschwindigkeitskomponenten und den zeitlichen Zusammenhang der Messwerte.

Messverfahren	Dimension des Geschwindigkeitfeldes	Anzahl der Komponenten	Zeitlicher Zusammenhang
Hitzdraht	Punktmessung	1C - 3C	Vektoren, Zeitreihen, zeitgemittelte Felder
LDA	Punktmessung	1C - 3C	Vektoren, Zeitreihen, zeitgemittelte Felder
PIV	2D	2C	Vektorfeld, momentan und zeitgemittelt
Stereo-PIV	2D	3C	Vektorfeld, momentan und zeitgemittelt
Dual-plane-PIV	3D, geringe Tiefe	2C (3C)	Vektorfeld, momentan und zeitgemittelt
Scanning-PIV	3D, kleines MV	2C (3C)	Vektorfeld, zeitgemittelt
Tomographic-PIV	3D, geringe Tiefe	3C	Vektorfeld, momentan und zeitgemittelt
Holographic-PIV	3D, kleines MV	3C	Vektorfeld, momentan und zeitgemittelt
PTV	3D	3C + Trajektorien	Trajektorien

Tabelle 3.1: Übersicht über ausgewählte Strömungsmessmethoden. Hier steht "D" für Dimension, "C" für Komponente, "MV" für Messvolumen.

KAPITEL

4

PARTICLE-TRACKING-VELOCIMETRY

Die Aufgabe der Particle-Tracking-Velocimetry (PTV) ist es, einzelne Partikel auf einem Bild zu identifizieren, sie vom Hintergrund zu trennen und sie entlang ihre Trajektorien innerhalb einer Bildreihe zu verfolgen. Somit ist PTV ein partikelbasiertes Verfahren zur Bewegungsanalyse.

Die Strömung, die untersucht werden soll, wird mit möglichst kleinen Partikeln versehen. Da PTV die zuverlässige Verfolgung einzelner Partikel voraussetzt und bei hoher Partikeldichte zunehmend Mehrdeutigkeiten auftreten, soll die Partikeldichte in PTV-Anwendungen wesentlich kleiner sein, als bei PIV-Anwendungen. Die Partikel werden durch geeignete Beleuchtung sichtbar gemacht und mit mindestens zwei miteinander synchronisierten Kameras werden Bildsequenzen der Partikelbewegung aufgenommen. Diese Bildsequenzdaten werden, in der Regel nicht in Echtzeit, automatisch ausgewertet. Die Auswertung wird üblicherweise mit einer Bildvorverarbeitung im Sinne einer Bildverbesserung begonnen, gefolgt von der Bildsegmentierung zur Erkennung abgebildeter Partikel und der Extraktion ihrer Bildkoordinaten. Zur Bestimmung dreidimensionaler Partikelkoordinaten im Objektraum müssen Korrespondenzen zwischen Partikelabbildungen synchroner Bildsequenzen hergestellt werden, um anschließend durch räumlichen Vorwärtsschnitt die Koordinaten abzuleiten. Aus diesen Sätzen von 3D-Koordinaten lassen sich durch einen weiteren Zuordnungsprozess Geschwindigkeitsvektoren und durch die Verfolgung über mehrere Zeitschritte auch längere Trajektorien individueller Partikel gewinnen. Abbildung 4.1 zeigt den Datenfluss der Auswertung von 3D-PTV-Daten. Die einzelnen Schritte werden nachfolgend diskutiert. Dabei werden die grundlegenden Werkzeuge der Bildverarbeitung und Bildanalyse sowie die Kerngeometrie zur Bestimmung von 3D Objektkoordinaten dargestellt. Es sind folgende Aufgaben zu lösen:

4 Particle-Tracking-Velocimetry

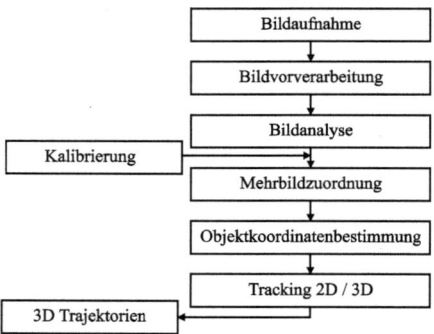

Abbildung 4.1: Datenfluss der Auswertung von 3D-PTV-Daten.

- Abbildung,

- Segmentierung,

- Bestimmung der Bildkoordinaten,

- Kalibrierung,

- Bestimmung der Objektkoordinaten,

- Tracking.

4.1 Das zentralperspektive Abbildungsmodell

Der optische Abbildungsvorgang eines Punktes im Raum auf einen zweidimensionalen Sensor einer Kamera entspricht im Allgemeinen einer zentralperspektiven Abbildung (siehe [69]). Die Koordinaten eines Objektpunktes P können aus dem Ortsvektor zum Projektionszentrum $\mathbf{X}_0$ und dem Vektor vom Projektionszentrum zum Objektpunkt $\mathbf{X}^*$ hergeleitet werden:

$$\mathbf{X} = \mathbf{X}_0 + \mathbf{X}^*. \tag{4.1}$$

Der Vektor $\mathbf{X}^*$ ist im übergeordneten System definiert. Da dieser Vektor direkt nicht zu bestimmen ist, wird stattdessen der in derselben Richtung liegende Bildvektor $\mathbf{x}'$ eingesetzt, nachdem er mit der Drehmatrix $\mathbf{R}$ und einem Maßstabsfaktor m in dem Objektraum transformiert wurde. Somit lautet die

4.1 Das zentralperspektive Abbildungsmodell

Abbildung eines Bildpunktes in den Objektraum:

$$\mathbf{X} = \mathbf{X}_0 + m \cdot \mathbf{R} \cdot \mathbf{x}'$$

(4.2)

$$\begin{bmatrix} X \\ Y \\ Z \end{bmatrix} = \begin{bmatrix} X_0 \\ Y_0 \\ Z_0 \end{bmatrix} + m \cdot \begin{bmatrix} r_{11} & r_{12} & r_{13} \\ r_{21} & r_{22} & r_{23} \\ r_{31} & r_{32} & r_{33} \end{bmatrix} \cdot \begin{bmatrix} x' \\ y' \\ z' \end{bmatrix}$$

Die Konstante m ist ein für jeden Objektpunkt individueller unbekannter Maßstabsfaktor. Daher kann aus einem einzigen Bild zunächst lediglich die Richtung zum Objektpunkt P festgelegt werden, nicht aber seine absolute räumliche Position. Erst durch den Schnitt des Raumstrahls mit einem weiteren geometrisch bekannten Element (z.B. Raumstrahl aus einem zweiten Bild) lässt sich P im Raum bestimmen.

Durch Umkehrung von 4.3, Erweiterung um den Bildhauptpunkt[1] $H'(x'_0, y'_0)$ und Einführung von Korrekturtermen $\Delta \mathbf{x}'$ für die Bildkoordinaten folgt:

$$\mathbf{x}' - \mathbf{x}'_0 - \Delta \mathbf{x}' = \frac{1}{m} \cdot \mathbf{R}^{-1} \cdot (\mathbf{X} - \mathbf{X}_0)$$

(4.3)

$$\begin{bmatrix} x' - x'_0 - \Delta x' \\ y' - y'_0 - \Delta y' \\ z' \end{bmatrix} = \frac{1}{m} \cdot \begin{bmatrix} r_{11} & r_{21} & r_{31} \\ r_{12} & r_{22} & r_{32} \\ r_{13} & r_{23} & r_{33} \end{bmatrix} \cdot \begin{bmatrix} X - X_0 \\ Y - Y_0 \\ Z - Z_0 \end{bmatrix}$$

Durch Division der ersten und zweiten Gleichung durch die dritte wird der unbekannte Maßstabsfaktor m eliminiert und es folgen die Kollinearitätsgleichungen:

$$x' = x'_0 - c \cdot \frac{r_{11} \cdot (X - X_0) + r_{21} \cdot (Y - Y_0) + r_{31} \cdot (Z - Z_0)}{r_{13} \cdot (X - X_0) + r_{23} \cdot (Y - Y_0) + r_{33} \cdot (Z - Z_0)} + \Delta x'$$

(4.4)

$$y' = y'_0 - c \cdot \frac{r_{12} \cdot (X - X_0) + r_{22} \cdot (Y - Y_0) + r_{32} \cdot (Z - Z_0)}{r_{13} \cdot (X - X_0) + r_{23} \cdot (Y - Y_0) + r_{33} \cdot (Z - Z_0)} + \Delta y'$$

wobei:

sind.

Die Korrekturterme berücksichtigen die in der Realität vorkommenden Abweichungen von der idealen zentralperspektiven Abbildung. Diese sogenannten Abbildungsfehler werden unter anderem durch die

---

[1] Lotfußpunkt des Projektionszentrums im Bildkoordinatensystem, der bei gebräuchlichen Kameras näherungsweise in der Bildmitte liegt.

(X, Y, Z) : Objektpunkt
(X_0, Y_0, Z_0) : Projektionszentrum
r_{ij} : Elemente der 3×3 Drehmatrix
x', y' : Bildkoordinaten
x'_0, y'_0 : Bildhauptpunkt
$c = -z'$: Kamerakonstante
$\Delta x', \Delta y'$: Korrekturterme

Eigenschaften der Objektive (Verzeichnung, Anordnung der Linsen auf der optischen Achse) und des Sensors (Form der Pixel und Unebenheiten des Sensors) hervorgerufen. So ergeben sich je Kamera 16 Parameter (6 für äußere Orientierung, 3 für innere Orientierung, 5 für Verzeichnung, 2 für elektronische Einflüsse), von denen bei der Kalibrierung gegebenenfalls einige als nicht signifikant wegfallen können.

4.2 Bildvorverarbeitung und Bildkoordinatenbestimmung

Bei der Bildkoordinatenbestimmung sind zum einen die Partikel als solche zu erkennen, zu segmentieren und zum anderen die subpixelgenauen Positionen zu berechnen. Vorraussetzung dafür ist, dass sich die Partikel deutlich vom Hintergrund abheben. Deutlich heißt, der Grauwertunterschied (Kontrast) zwischen Hintergrund- und Partikelintensität ist größer als das Bildrauschen und der abgebildete Durchmesser des Partikels ist größer als ein Pixel des Sensors. Um die Zuverlässigkeit der Segmentierung zu erhöhen, wird durch Bildvorverarbeitung das Bild von Hintergrundinformationen und Rauschen befreit.

Ein globaler Schwellwert für die Grauwerte (GW) stellt dabei keine Lösung dar, um Partikel von Hintergrundinformationen zu trennen. Dies rührt daher, dass die Intensitätsverteilung im Beobachtungsvolumen nicht gleichmäßig ist, sondern von der Position (Entfernung und Richtung) vor der Lichtquelle abhängig ist. Man kann jedoch einen dynamischen Schwellwert zum Binarisierung des Originalbildes verwenden, wobei der globale Schwellwert iterativ erhöht und nach jeder Erhöhung das Bild auf mögliche Partikelsegmente geprüft wird [70], oder man verwendet eine Tiefpassfilterung des Originalbildes nach Maas [71] und eine anschließende Subtraktion vom Original:

$$GW_{Diff}(x,y) = GW(x,y) - GW_{Tiefpass}(x,y). \tag{4.5}$$

Putze [72] beschreibt eine statistische Vorgehensweise, bei der für jedes Pixel die Häufigkeit des Auftretens eines Grauwertes über alle Bilder in einem temporalen Histogramm betrachtet wird. So ergibt sich ein Maximum im Bereich des gesuchten Grauwertes des Hintergrundes (GW_{HG}). Das Differenzbild

4.2 Bildvorverarbeitung und Bildkoordinatenbestimmung

wird durch Schwellwertbildung bestimmt:

$$GW_{Diff}(x,y) = \begin{cases} 0 & : \quad |GW - GW_{HG}| \leq Schwellwert \\ GW(x,y) & : \quad |GW - GW_{HG}| > Schwellwert \end{cases} \quad (4.6)$$

Der Schwellwert wird empirisch oder durch eine vorab durchgeführte Referenzmessung in Höhe des Rauschens festgelegt. Im Differenzbild bleiben die Originalgrauwerte der Partikel erhalten, der Hintergrund wird eliminiert.

Nun können auf den vom Hintergrund befreiten Bildern die subpixelgenauen Bildkoordinaten der abgebildeten Partikel bestimmt werden. Die hier verwendete Methode basiert auf der Berechung des grauwertgewichteten Schwerpunktes:

$$x_m = \frac{\sum GW_i \cdot x_i}{GW_i}$$

$$y_m = \frac{\sum GW_i \cdot y_i}{GW_i}, \quad (4.7)$$

wo x_i und y_i die Bildkoordinaten sind.

Nach Maas [71] basiert die Segmentierung des Differenzbildes auf der Ermittlung lokaler Maxima und einer von diesen Punkten ausgehenden "region growing"[2] Methode. Die Ausprägung der jeweiligen lokalen Maxima ist vor allem von der Lichtverteilung im Volumen abhängig. Besonders deutlich ist dieser Effekt bei sehr großen Volumina (z.B. Ilmenauer Fass) zu beobachten. Die benötigten empirischen Schwellwerte können in einem solchen Fall dynamisch gestaltet werden.

Die Einführung eines Diskontinuitätskriteriums ermöglicht die Segmentierung und Auswertung von sich überlappenden Partikeln (Maas [71]). Für die Segmente der Bildpunkte werden sowohl der Schwerpunkt als auch weitere geometrische und radiometrische Eigenschaften (Ausdehnung, Flächeninhalt, Grauwertsumme) bestimmt. Die zu erreichende Genauigkeit beträgt bei typischen Partikelabbildungen 1/10 Pixel.

Die Methode "region growing" detektiert alle Grauwerte um ein Maximum bis zu einem festgelegten Schwellwert. Die daraus resultierende Struktur (Region, Segment) hat eine Gaußsche oder parabolische Form. Wenn die Partikelabbildungen größer werden (wie z.B. heliumgefüllte Latexballons, siehe Abschnitt 5.2.2), dann haben sie nicht mehr nur ein globales Maximum, sondern mehrere lokale Maxima. Dies liegt vor allem an der Beleuchtung durch mehr als eine Lichtquelle. Ein weiteres Problem besteht

---

[2]region growing (engl.) - Regionenwachstum ist eine der einfachsten regionenbasierten Methoden zur Bildsegmentierung. Dabei wird zuerst das Bild in initiale Zellen unterteilt. Beginnend mit der Wahl einer initialen Zelle als Anfangsregion wird diese dann mit den Nachbarzellen verglichen. Falls diese ähnlich sind, werden sie verschmolzen. Durch den Vergleich mit allen seinen Nachbarn wächst die Region so lange, bis keine Nachbarn mehr hinzugenommen werden können.

4 Particle-Tracking-Velocimetry

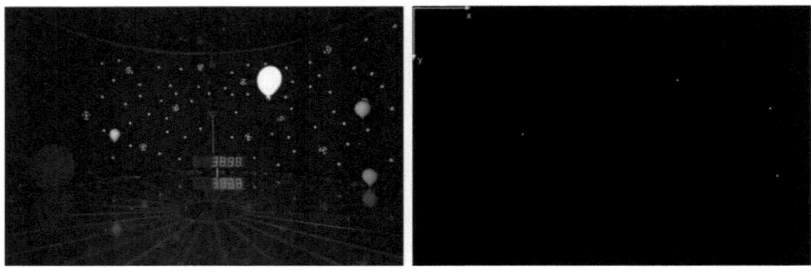

Abbildung 4.2: Beispiel für die Segmentierung von Ballons. Links: Originalbild, rechts: segmentiertes Bild.

darin, dass in einem derart großen Volumen (Ilmenauer Fass, siehe Kapitel 6) sehr große Helligkeitsunterschiede auftreten können. Ballons nahe einer Lichtquelle sind sehr hell, andere im Hintergrund dunkler. Es ist unter diesen Bedingungen nicht möglich, einen einheitlichen Schwellwert zur Segmentierung vorzugeben, der im gesamten Volumen korrekt arbeitet. An dieser Stelle wurde nun ein alternativer Ansatz entwickelt, der zuerst die Ballons vom Hintergrund trennt [72].

Zuerst wird das Bild mit einem groben Schwellwert binarisiert, so dass die Ballons erhalten bleiben. Durch Bildbearbeitung (Erosion[3]) werden danach kleine Reflexe und Störstellen im binarisierten Bild eliminert. Diese so entstandenen zusammenhängenden Cluster werden dann segmentiert ("region growing"). Das Ergebnis sind getrennte Cluster von allen Regionen mit einer Helligkeit größer als dem Schwellwert. Diese Cluster sind sowohl die Ballons, als auch die Reflexe an der Wand der Messzelle (Ilmenauer Fass). Erstere haben im Allgemeinen eine sehr längliche Form. Jedes einzelne Cluster muss nun analysiert werden, ob es als Ballonbild in Frage kommt. Hier wird die Bounding-Box[4] als Kriterium angesetzt. Ballons haben eine Größe von mindestens 20 Pixel-Durchmesser und eine minimale Fläche von 500 Pixeln (empirische Werte). Der maximale Durchmesser ist mit 1000 Pixeln festgelegt. Für alle in Frage kommenden Cluster wird nun der Schwerpunkt berechnet. Dieser Schwerpunkt ist nicht grauwertgewichtet, da durch die verschiedenen Reflexe das radiometrische und das geometrische Zentrum nicht identisch sind. Sofern sich die Ballons von dem Hintergrund deutlich abheben, können diese mit dem Algorithmus detektiert werden. Das Ergebnis einer solchen Segmentierung ist in Abbildung 4.2 demonstriert.

---

[3]Erosion (lat. erodere = abnagen) ist eine Basisoperation der morphologischen Bildverarbeitung. Die Erosionsschwelle gibt an, ab welchem Grauwert die Pixel in die Erosion einbezogen werden. Bei 255 wird die gesamte Maske bearbeitet, bei niedrigeren Werten bleiben die Pixel mit darüberliegenden Grauwerten unbeteiligt.

[4]Bounding-Box (oder Bounding Volume) ist in der algorithmischen Geometrie ein einfacher geometrischer Körper, der ein komplexes dreidimensionales Objekt oder einen komplexen Körper umschließt. Diese Bounding-Box kann auch bei zweidimensionale Objekten angewendet werden.

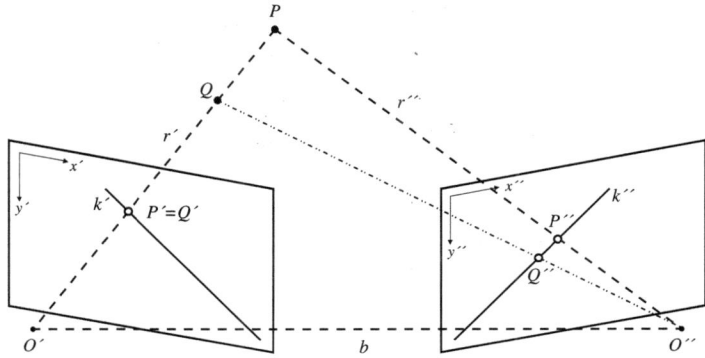

Abbildung 4.3: Kern- oder Epipolargeometrie [nach Luhmann [69]].

4.3 Mehrbildzuordnung und Objektkoordinatenbestimmung

Die Mehrbildzuordnung, auch Korrespondenzanalyse genannt, ist ein Verfahren, um homologe Bildpunkte verschiedener Bilder eindeutig zuzuordnen. Sie ist die Grundvoraussetzung zur Berechnung der Objektkoordinaten von Bildpunkten. Da sich die einzelnen Partikel bezüglich Größe, Form und Helligkeit meist nicht eindeutig charakterisieren lassen sind Merkmals- und flächenbasierte Methoden (feature based matching) als Kriterium für die Zuordnung nur bedingt geeignet. Die Zuordnung muss sich stattdessen hauptsächlich auf geometrische Bedingungen stützen, welche in Form der Kernlinien vorliegen. Abbildung 4.3 zeigt die Geometrie einer Stereoaufnahme bei der Abbildung eines Objektpunktes P. Die Abbildungsstrahlen r' und r'' vom jeweiligen Projektionszentrum (O' bzw. O'') zum Objektpunkt spannen zusammen mit der Basis b eine Ebene auf, die sogenannte Kern- oder Epipolarebene. Diese Ebene schneidet die Bildebenen in den Schnittgeraden k' und k'', die als Kern- oder Epipolarlinien bezeichnet werden. Die Bedeutung der Kernlinien besteht darin, dass sich ein zu P' homologer (korrespondierender) Bildpunkt P'' im rechten Bild bei korrektem Strahlenschnitt auf der Kernebene und damit auch in der Kernlinie k'' befinden muss. Der Suchraum für eine Zuordnung korrespondierender Punkte wird also erheblich eingeschränkt. Betrachtet man aber einen weiteren Objektpunkt Q, der ebenfalls auf dem Raumstrahl $O'P$ liegt, wird deutlich, dass sich die Tiefe zwischen Q und P als Parallaxe[5] auf der Kernlinie k'' auswirkt.

Aufgrund von zu gewährenden Toleranzen und Fehlern muss die Epipolarlinie als Band mit einer bestimmten Breite betrachtet werden. Die adäquate Breite bestimmt sich vor allem aus der Genauigkeit

---

[5]Parallaxe (gr.) - Veränderung, Abweichung ist die scheinbare Änderung der Position eines Objektes, wenn der Beobachter seine eigene Position verschiebt.

4 Particle-Tracking-Velocimetry

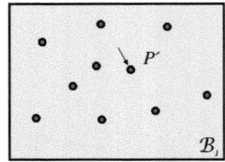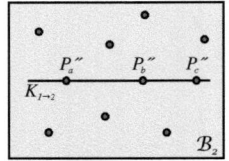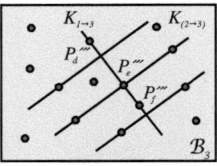

Abbildung 4.4: Prinzip des Kernlinienschnittverfahrens [nach Maas [71]].

und Stabilität der Orientierungsparameter und der Genauigkeit der Bildpunktmessung. Wenn die Orientierungsparameter nur mäßig gut bestimmt werden konnten und die Punktdichte sehr hoch ist, können die Mehrdeutigkeiten nicht zuverlässig aufgelöst werden. Der kürzeste Abstand zur Epipolarlinie ist dann kein hinreichendes Indiz für die Zuordnung.

Ein Zweikamerasystem ist deshalb bei hohen Partikeldichten keine zuverlässige Lösung für die Zuordnung. Erweitert man das System um eine dritte Kamera, so reduziert sich der Suchraum für alle verbleibenden Mehrdeutigkeiten im dritten Bild auf die Schnittpunkte von Kernlinien. Abbildung 4.4 zeigt wie das ausgenutzt werden kann. Ausgehend von einem Punkt P' in B_1 werden die Kernlinien $K_{1\to2}$ in B_2 und $K_{1\to3}$ in B_3 berechnet, auf denen z.B. die Kandidaten P''_a, P''_b und P''_c bzw. P'''_d, P'''_e und P'''_f gefunden werden. Eine eindeutige Bestimmung der zu korrespondierenden Partikelabbildung ist in B_2 oder B_3 allein nicht möglich. Rechnet man nun die Kernlinien $K_{(2\to3)}$ für alle Kandidaten P_i in B_2 und schneidet sie mit der Kernlinie $K_{1\to3}$, so wird mit großer Wahrscheinlichkeit nur einer der Schnittpunkte in der Nähe eines der Kandidaten in B_3 liegen (hier: nur P'''_e). Mit anderen Worten: Der Suchbereich wird von einer Linie plus Toleranz auf Schnittpunkte plus Toleranz reduziert. Das Auftreten von Mehrdeutigkeiten wird dadurch zwar nicht ganz vermieden, jedoch erheblich verringert. Versuche haben gezeigt, dass die Dreikameraanordnung die Anzahl der nicht zugeordneten Partikel auf ein Zehntel im Vergleich zur Zweikameraanordnung verringert hat [71]. Heutzutage werden verbreitet Vierkameraanordnungen eingesetzt. Maas [73] zeigt, welchen Einfluss die Konfiguration der Kameras und die Punktdichte auf die verbleibenden Mehrdeutigkeiten haben.

4.4 Kalibrierung

Die Bestimmung der äußeren Orientierung (Position und Drehung im Objektraum), der inneren Orientierung (Kamerakonstante und Bildhauptpunkt) und der Verzeichnisparameter einer Kamera wird als Kalibrierung bezeichnet. Es gibt verschiedene Ansätze, um die Kamerakalibrierung durchzuführen. Eine hohe Genauigkeit der Kalibrierung kann durch Bündelausgleichung[6] erreicht werden. Das heißt,

---
[6] Die Bündelausgleichung ist ein simultanes Ausgleichungsverfahren, bei dem sowohl die Parameter der inneren und äußeren Orientierung der Kamera(s) als auch die Objektkoordinaten als Unbekannte geschätzt werden.

dass anfangs sowohl die Kameraparameter als auch die Objektkoordinaten der Passpunkte[7] unbekannt sind und während der Schätzung bestimmt werden müssen. Alternativ kann ein räumlicher Rückwärtsschnitt durchgeführt werden. Dazu müssen die XYZ-Koordinaten von mindestens drei Objektpunkten gegeben sein, die nicht auf einer Geraden liegen. Das durch die Passpunkte und das Projektionszentrum aufgespannte Strahlenbündel lässt sich in nur einer eindeutigen Lage und Orientierung auf die in der Bildebene verteilten Bildpunkte einpassen.

Neben der Genauigkeit der Bildkoordinatenmessung hängt die Güte des Rückwärtsschnittes von der Anzahl und der Verteilung der Passpunkte ab. Die gemessenen Objektpunkte sollten das Bildformat möglichst vollständig abdecken. Liegen die Passpunkte auf oder in der Nähe einer Gerade, wird das zu lösende Normalgleichungssystem singulär oder numerisch instabil. Ebenso existiert theoretisch keine Lösung, wenn die Objektpunkte und das Projektionszentrum auf einer sogenannten "gefährlichen Fläche" liegen, z.B. auf einem Zylindermantel.

Die in der vorliegenden Arbeit erreichten Genauigkeiten sind bei der Beschreibung der Experimente dargelegt worden.

4.5 Tracking

Um von den Daten der digitalen Photogrammetrie (dreidimensionale Koordinaten der Partikel) die benötigte Information über das Strömungsfeld abzuleiten, ist eine Zuordnung detektierter Partikel mit zeitlich aufeinanderfolgenden Datensätzen (Tracking) nötig. Das Ziel ist dabei sowohl die Extraktion möglichst langer, ununterbrochener Trajektorien individueller Partikel im Sinne einer Lagrangeschen Betrachtung, als auch die Ableitung möglichst dichter momentaner Geschwindigkeitsfelder, um z.B. die Entwicklung von Wirbelstrukturen beobachten zu können. Beide Ziele können im Prinzip mit dem selben algorithmischen Handwerkszeug und aus dem gleichen Datenmaterial erreicht werden. Allerdings sollte für die Lagrangeschen Betrachtungen der Strömungen nicht mit hohen Partikeldichten gearbeitet werden, um potentielle Verdeckungen und die Entstehung nicht lösbarer Mehrdeutigkeiten bei langen Trajektorien zu vermeiden. Abbildung 4.5 zeigt die Trajektorie eines Partikels über vier Epochen[8] im Objektraum und die entsprechende 2D-Bahn im Bildraum, aufgenommen mit einer Zweikameraanordnung.

Es gibt eine Vielzahl von Methoden, um diskrete Bild- oder Objektpunkte über die Zeit zu verfolgen. Der einfachste Ansatz ist die Zuordnung des nächsten Nachbarn, welcher aber selten zu einem verwertbaren Ergebnis führt (Abbildung 4.6a). Ein weiterer Ansatz arbeitet nach dem Prinzip der mini-

---
[7]Passpunkte, oder Referenzpunkte werden in der Photogrammetrie und Fernerkundung für die Bestimmung der Elemente der Orientierung (Kalibrierung) verwendet, siehe Abbildung 5.6.
[8]Eine Epoche gibt den zeitlichen Abstand zwischen zwei aufeinanderfolgenden Objektkoordinaten an.

4 Particle-Tracking-Velocimetry

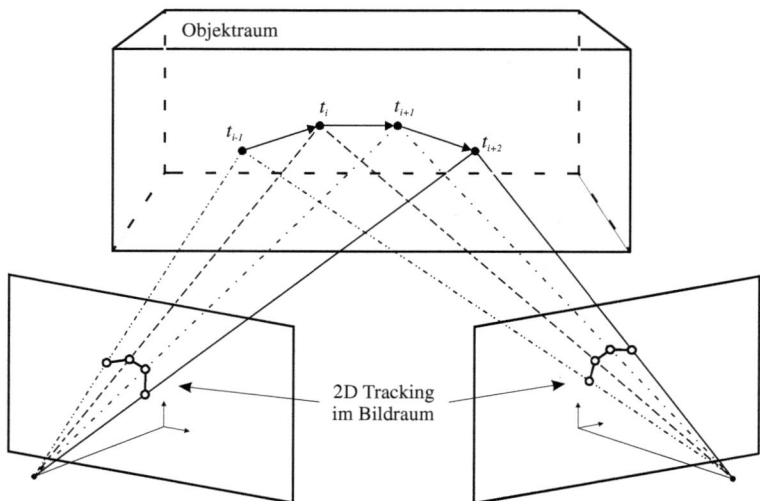

Abbildung 4.5: Partikeltrajektorie im Bild- und Objektraum, aufgenommen mit einer Zweikameraanordnung [nach Willneff [74]].

malen Beschleunigung (auch als 3-Frame-Ansatz bezeichnet). Durch lineare Prädiktion wird der wahrscheinliche Ort des Partikels in der Folgeepoche $n + 1$ bestimmt (Abbildung 4.6b). Häufig wird eine vierte Epoche in die Betrachtung einbezogen (4-Frame Ansatz, Abbildung 4.6c). Damit lässt sich die Änderung der Beschleunigung Δa eines Partikels bestimmen. Je nach Methode wird anhand eines Qualitätskriteriums eine mögliche Trajektorie angenommen oder abgelehnt. Mit Hilfe weiterer Entscheidungskriterien innerhalb einer Liste versuchen die verschiedenen Autoren, die verbleibenden Mehrdeutigkeiten richtig zu lösen. In der Regel setzt man dabei nicht nur auf einen Ansatz, sondern kombiniert verschiedene Ansätze.

Ein allgemeines Kriterium für die Durchführbarkeit des Trackings ist das Verhältnis des mittleren Abstandes benachbarter Partikel d_x zur mittleren Verschiebung der Partikel d_o [75]. Ist die Verschiebung deutlich kleiner als der mittlere Abstand (also $d_o/d_x \ll 1$), so wird das Tracking trivial, weil in den weitaus meisten Fällen die Zuordnung zum nächsten Nachbarn im zeitlich folgenden Datensatz richtig ist. Ist hingegen bei chaotischer Bewegung der Partikel $d_o/d_x > 1$, so wird ein Tracking unmöglich. Wenn die Hardware keine höhere zeitliche Auflösung erlaubt, muss in einem solchen Fall die Partikelkonzentration reduziert werden. In den meisten Anwendungen liegt man zwischen den beiden Extremfällen: die Partikelbewegungen sind in einem gewissen Maße extrapolierbar und die Partikelkonzentration wird zwecks hoher räumlicher Auflösung so hoch wie möglich gewählt, wobei allerdings oft

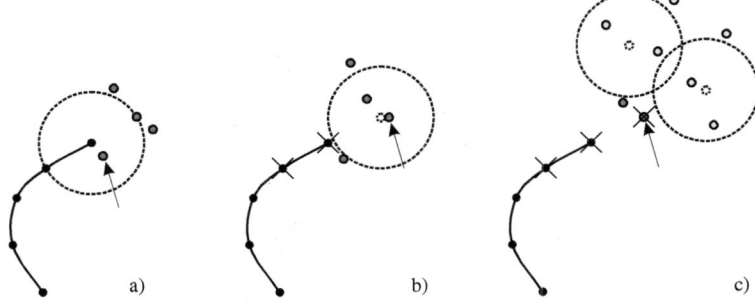

Abbildung 4.6: Skizze möglicher Trackingansätze. a) nächster Nachbar, b) 3-Frame-Ansatz, c) 4-Frame-Ansatz; schwarz - schon bestimmte Trajektorie, dunkelgrau - Epoche $n + 1$, hellgrau - Epoche $n + 2$, gestrichelter Kreis - Suchbereich, Kreuze - zur Prädiktion genutzte Partikel. Quelle Putze [72].

Einschränkungen von Seiten der Bildanalyse und der Stereozuordnung zu erwarten sind.

4.6 PTV-Wiki

Die Entwicklung des 3D-PTV-Verfahrens für groß-skalige Messvolumen wurde in Zusammenarbeit mit dem Institut für Photogrammetrie und Fernerkundung[9] an der TU Dresden durchgeführt.

Alternativ dazu wurde die open-source Anwendung 3D-PTV Wiki[10] der ETH Zürich getestet. Beide Systeme haben sich als konkurrenzfähig erwiesen (siehe Abschnitt 5.4, Abb. 5.17). Vorteil des PTV Wiki-Systems ist die freie Nutzung des Programms und die Unabhängigkeit von anderen Bildverarbeitungsmodulen. Als Nachteil hat sich jedoch die derzeitig praktizierte Kamerakalibrierung mittels 3D Maßstab gezeigt.

Die Kamerakalibrierung des Dresdener PTV-Systems wird als Selbstkalibrierung bezeichnet. Dabei erfolgt die Kalibrierung ohne Prüfobjekte oder Prüffelder bekannter Geometrie nur mittels der projektiven Beziehungen mehrfach überdeckter Bilder (Mehrbilder) identischer Objekte. Im Gegensatz dazu braucht PTV-Wiki ein Punktfeld mit bekannten Koordinaten, das möglichst das gesamte Messvolumen (Querschnitt parallel zu Kameras) ausfüllt. Aufgrund der Größe und Aufbau des Ilmenauer Fasses ist es nicht möglich, im Messvolumen ein Punktfeld mit mehreren Metern Länge aufzustellen.

Bei den durchgeführten Testmessungen mit dem PTV-Wiki-System wurden zur Kamerakalibrierung die Koordinaten der vorhandenen Passpunkte das Dresdener Selbstkalibrierungsverfahren verwendet. Abbildung 4.7 zeigt Ergebnisse der Testmessungen im Ilmenauer Modellraum und Ilmenauer Fass. Der

---
[9]01069 Dresden, Helmholtzstr. 10; http://www.tu-dresden.de/ipf/
[10]http://ptvwiki.netcipia.net/

4 Particle-Tracking-Velocimetry

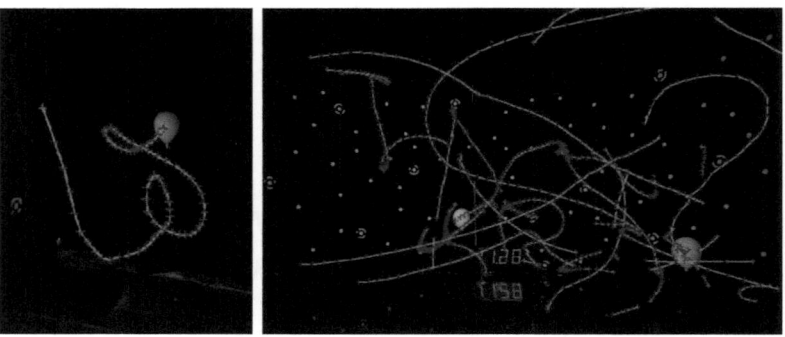

Abbildung 4.7: Ballontrajektorien im Ilmenauer Modellraum (links) und im Ilmenauer Fass (rechts), rekonstruiert mittels 3D-PTV-Wiki der ETH Zürich.

experimentelle Aufbau und die Hardware sind wie in den Abschnitten 5.1 und 6.1 beschrieben.

KAPITEL

5

VORVERSUCHE IN EINER RECHTECKIGEN RAUMZELLE

In diesem Kapitel werden Voruntersuchungen in einer rechteckigen Raumzelle vorgestellt und die Komponenten des PTV-Systems (Kameras, Beleuchtung und Partikel) beschrieben. Anschließend folgen Validierungsmessungen, die die Anwendbarkeit des Verfahrens in großen Messvolumina nachweisen.

5.1 Experimenteller Aufbau

Die Testzelle "Ilmenauer Modellraum" (IM) besteht aus einer Holzrahmenkonstruktion mit Gipskartonplatten an den Wänden. Die Maße der Raumzelle sind 4,2 m × 3,6 m × 3,0 m. So entspricht das Volumen des IM ca. einem Drittel des Volumens des "Ilmenauer Fasses" bei Aspektverhältnis $\Gamma = 2$. Die Innenwände sind schwarz gestrichen und haben modulare Befestigungselemente für Kameras und Lichtquellen. Zur Kalibrierung der Kameras befinden sich kodierte und unkodierte Kalibriermarken an die Wänden. Der experimentelle Aufbau ist in Abbildung 5.1 dargestellt. Die einzelnen Komponenten werden nachfolgend detailliert vorgestellt.

5.1.1 Kamerasystem

Für die Aufnahme und Analyse von dreidimensionalen Partikeltrajektorien sind mindestens zwei Kameras notwendig, jedoch kann mit vier Kameras die räumliche Auflösung erheblich vergrößert und vor allem der Fehler bei der Positionsbestimmung der Partikel deutlich verringert werden (siehe 4.3, [76]). Die Kameras wurden gemäß der Anforderung für eine hohe räumliche Auflösung ausgewählt, um kleine Partikel auf große Entfernung erfassen zu können. Die CANON EOS 20D ist eine hochauflösende

5 Vorversuche in einer rechteckigen Raumzelle

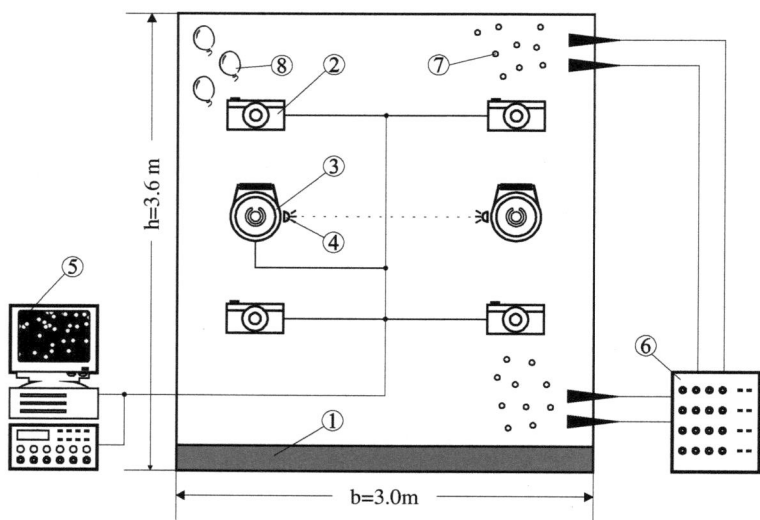

Abbildung 5.1: Allgemeine Ansicht des "Ilmenauer Modelraums". Die Größe der Raumzelle ist 4,2 m × 3,6 m × 3,0 m. "1" - Fußbodenheizung, "2" - vier Canon EOS 20D Kameras, "3" - zwei Elinchrom RX 600 Blitzgeräte, "4" - Infrarot Schnittstelle der Blitzgeräte, "5" - Steuer- und Speichereinheit, "6" - Seifenblasengenerator, "7" - heliumgefüllte Seifenblasen, "8" - heliumgefüllte Latexballons

CMOS (Complementary Metal Oxide Semiconductor) Spiegelreflexkamera aus dem Amateurbereich.

Die Eigenschaften der Kamera lassen sich im Folgenden zusammenfassen:

Bildfolge	2	Bilder/s
Auflösung	3504 × 2336	Pixel
Pixelgröße	6,4	μm
CMOS Chip	22,5 ×15	mm
Schnittstelle	USB 2.0	-

Die möglichst fehlerarme Abbildung eines großen Messvolumens setzt die Verwendung von hochwertigen Weitwinkelobjektiven voraus. Diese findet man nur im Bereich der professionellen Fotografie. Deshalb sind die vier Kameras mit CANON EF-S 10 - 22 mm / 3,5 - 4,5 Weitwinkelobjektiven ausgestattet.

Die Steuerung der Kameras erfolgt mittels eines Pulsgenerators (Hewlett Packard 81104A 80 MHz) über die vorhandene Kabel-Fernbedienung der Kameras (Abbildung 5.4). Dabei ist die exakte Synchronisation der vier Kameras eine elementare Voraussetzung für die Berechnung der Partikelkoordinaten.

5.1 Experimenteller Aufbau

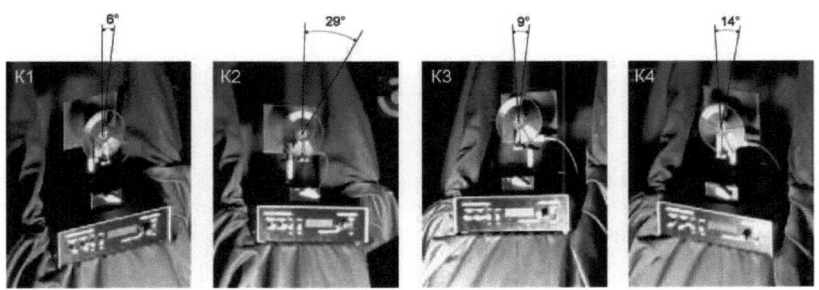

Abbildung 5.2: Messung der Zeitverzögerung zwischen Kameraauslösesignal und Bildaufnahme mit rotierender Codierscheibe.

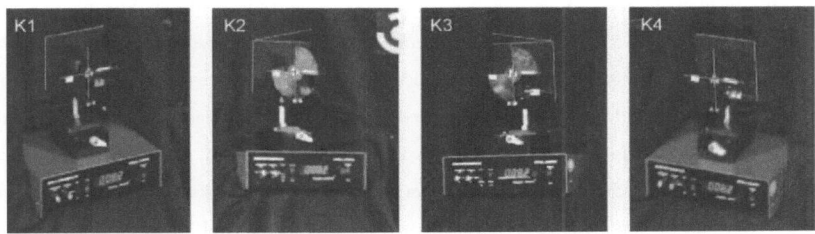

Abbildung 5.3: Aufnahmen der Codierscheibe bei exakter Kamerasynchronisation über externe Blitzlampe.

Geringe Zeitdifferenzen zwischen den Aufnahmen haben große Auswirkungen auf die Genauigkeit des gesamten PTV-Verfahrens, Zeitdifferenzen im Bereich der Belichtungszeit (100 ms) machen eine Rekonstruktion unmöglich. Deshalb wurde auf die Überprüfung der synchronen Bildaufnahme besonderer Wert gelegt. Die Messung der Verzögerungszeiten zwischen Auslösesignal und Verschlußöffnung an jeder der vier Kameras erfolgte mit einer schrittmotorgetriebenen Codierscheibe. Nach einem gemeinsamen Auslösesignal über die Kabelfernsteuerung nahmen alle Kameras ein Bild der Codierscheibe auf. In Abbildung 5.2 ist zu sehen, dass auf jeder Aufnahme die Codierscheibe eine andere Position hat, die durch den Winkel zwischen der "12:00-Uhr-Position" und einer Kante der Codiermarke quantifizierbar ist. Mit Kenntnis der Winkelgeschwindigkeit der Codierscheibe lassen sich daraus die zeitlichen Unterschiede der Bilder genau berechnen. Die daraus ermittelte Verzögerung der Verschlußöffnung war bei jeder der vier Kameras unterschiedlich und betrug maximal 32 ms. Wenn man eine für Konvektionsströmungen typische Geschwindigkeit von 1 m/s annimmt, betragen die Positionsdifferenzen eines Partikels auf den vier Bildern 32 mm. Bei Abweichungen in dieser Größenordnung ist eine Partikelzuordnung gänzlich unmöglich. Die Lösung des Problems bestand in der Wahl einer relativen langen

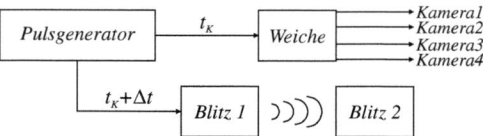

Abbildung 5.4: Schema der Kamera-Blitz Steuerung. Der erste Blitzgerät wird vom Pulsgenerator mit einer Verzögerung Δt nach der Kameras ausgelöst und steuert gleichzeitig den zweiten Blitz via eingebauter Infrarot-Schnittstelle.

Kamerabelichtungszeit von 100 ms und einer kurzen Belichtung von < 10 ms während des offenen Verschlusses durch die externen Blitzlampen. Dabei wurde die Auslösung des Blitzes um 50 ms bezüglich des Kameraauslösesignal verzögert (siehe Abbildung 5.5), um sicher zu gehen, dass alle vier Kameraverschlüsse zu dieser Zeit geöffnet sind und ein Partikelbild aufnehmen können. Wie gut dies funktioniert, zeigt Abbildung 5.3. Auf allen vier Bildern hat die Codierscheibe exakt die gleiche Position, die zeitlichen Abweichungen sind kleiner als eine Millisekunde. Das Zeitregime ist in Abbildung 5.5 dargestellt. Zum Zeitpunkt t_{PG} wird das Signal für die Kameraauslösung gegeben. Die Verschlüsse der Kameras gehen im Mittel mit einer Verzögerung von bis zu 40 ms [77] auf. Bei einer Belichtungszeit von 100 ms überlappen sich die Öffnungszeiten aller vier Kameras und man kann eine Verzögerungszeit Δt zum Kameraauslösezeitpunkt ausrechnen, um den Zeitpunkt t_B für den Blitz zu bestimmen. Da das Messvolumen dunkel ist, werden die Kamera-Chips nur während des Blitzes belichtet. So bekommt man exakt synchronisierte Bilder von den vier Kameras.

5.1.2 Beleuchtung

Die Beleuchtung spielt eine wichtige Rolle bei dem 3D-PTV-Verfahren. Deshalb müssen bei der Auswahl und Positionierung der Lichtquellen besondere Anforderungen beachtet werden. Idealerweise würden die Lichtquellen nur die Partikel beleuchten und der Hintergrund bliebe dunkel. Oft wird zu Strömungsmessungen Laserlicht verwendet, weil es eine hohe Energiedichte besitzt und monochromatisch ist. Außerdem kann mit wenigen optischen Elementen sehr einfach ein Lichtschnitt erzeugt werden. Wenn jedoch ein großes Volumen beleuchtet werden soll, ist der Laser nicht praktikabel, weil sich der Strahl schlecht aufweiten lässt und ein 3D-Scanning technisch sehr aufwändig ist.

Im Gegensatz zu herkömmlichen Strömungsvisualisierungsmethoden und zu PIV-Verfahren, welche mit einem zweidimensionalen Lichtschnitt arbeiten, benötigen wir beim 3D-PTV-Verfahren eine möglichst gleichmäßige Beleuchtung des gesamten Messvolumens. Grundsätzlich bieten sich für die Volumenbeleuchtung gepulste oder kontinuierlich strahlende Lichtquellen an. Bei der Auswahl ist folgendes zu beachten:

5.1 Experimenteller Aufbau

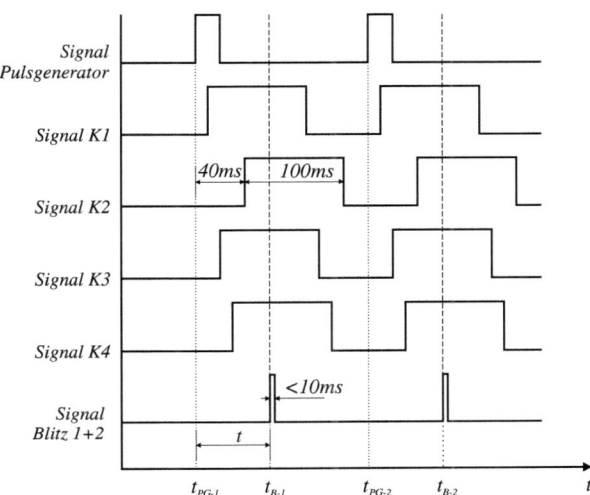

Abbildung 5.5: Zeitlicher Ablauf der Verschlussöffnung der einzelnen Kameras und das Prinzip der Bildaufnahmesynchronisation mittels Blitzlampe.

- Die Lichtquellen sollen eine hohe Lichtintensität haben, um kleine Partikel auf große Entfernung sichtbar machen zu können.

- Die Lichtquellen sollen keine Wärme erzeugen, um die Messzelle thermisch nicht zu beeinflussen.

- Die Lichtquellen sollen synchron mit den Kameraverschlüssen gepulst werden, um Bewegungsunschärfen zu minimieren.

Unter diesen Gesichtspunkten fallen Lichtquellen mit kontinuierlicher Lichtabgabe aus, weil intensitätsstarke Lampen einen hohen Anteil Wärme abgeben. Dazu kommt noch der Bewegungseffekt, der bei einer Kamerabelichtungszeit von 100 ms (siehe Abb. 5.5) und einer Strömungsgeschwindigkeit von 1 m/s zu 10 cm langen Bewegungsunschärfen führen kann.

Es wurden drei Typen gepulster Lichtquellen getestet und verglichen: integrierter Kamerablitz (CANON Built-In), Stroboskop der Marke EUROLITE und Studio-Blitzgerät der Marke ELINCHROM. Um den Vergleich quantifizieren zu können, wurde die Belichtung des Messvolumens mit den drei Lichtquellen mittels eines Belichtungsmessers vom Typ Starlite All-In-One von GOSSEN gemessen. Die Belichtungsmessungen wurden im Ilmenauer Fass in zwei verschiedenen horizontalen Abständen von den Lichtquellen vorgenommen. Die Ergebnisse für 3,5 m und 6,0 m Abstand sind in Tabelle 5.1 aufgelistet.

5 Vorversuche in einer rechteckigen Raumzelle

	Elinchrom RX 600	Canon Built-In Blitz	Eurolite Superstrobe 1500
	3,5 m / 6 m	3,5 m / 6 m	3,5 m / 6 m
	22,0 / 9,0	10,0 / 6,5	5,2 / -

Tabelle 5.1: Vergleich der Belichtung [lxs] von drei verschiedenen gepulsten Lichtquellen für zwei Positionen.

Es lässt sich folgendes zusammenfassen:

- *CANON Built-In Blitz:* hohe Beleuchtungsstärke, einfaches Handling, keine zusätzliche Anschaffungskosten, keine Wärmeabgabe, jeder Blitz ist mit einer Kamera synchronisiert. Da die Kameras aber untereinander nicht synchronisiert sind, unterscheiden sich auch die Blitzzeitpunkte um bis zu 32 ms (siehe auch Abschnitt 5.1.1). Das führt zu einem großen Fehler bei der Trajektorienrekonstruktion.

- *EUROLITE Superstrobe 1500:* geringe Beleuchtungsstärke, bei einer Entfernung von 6 m unter 0,1 lxs. Die Stroboskoplampen haben eine hohe Bildfolgefrequenz (bis 12 Hz), einen geringen Anschaffungspreis und sehr geringe Wärmeabgabe. Ein großer Nachteil dieser low-cost Beleuchtungstechnik ist jedoch eine erhebliche Blitzfrequenzvariation der einzelnen Stroboskope trotz synchroner Auslösung durch eine zentrale Steuereinheit. Phasendifferenzen bis zu 20 ms werden hauptsächlich durch individuelle Zeitverzögerungen in den Lademodulen der Lampen hervorgerufen.

- *ELINCHROM RX 600:* sehr hohe Beleuchtungsstärke (Pulsenergie: 600 J), einfache Handhabung, kurze Ladezeit, die eine Bildfolgefrequenz von 2 Hz ermöglicht. Die Blitzgeräte lassen sich unkompliziert drahtlos über einen integrierten Infrarot-Sensor miteinander synchronisieren. Nachteilig sind die eingebaute Kühlventilatoren, die die Konvektionsströmung beeinflussen und der hohe Anschaffungspreis. Durch eine Einhausung der Blitzlampen lässt sich der erste Nachteil beseitigen.

Für die nachfolgende Messungen wurden zwei ELINCHROM RX 600 Blitzgeräte genutzt. Die Steuerung und die Synchronisation mit den Kameras erfolgt mittels des in Abschnitt 5.1.1 genannten Pulsgenerators.

5.1.3 Kamerakalibrierung

Die Kamerakalibrierung wurde wie in Abschnitt 4.4 theoretisch beschrieben durchgeführt. Dazu wurde an der gegenüberliegende Wand, an den Seitenwände und an der Decke ein Passpunktfeld einge-

5.2 Tracer-Partikel

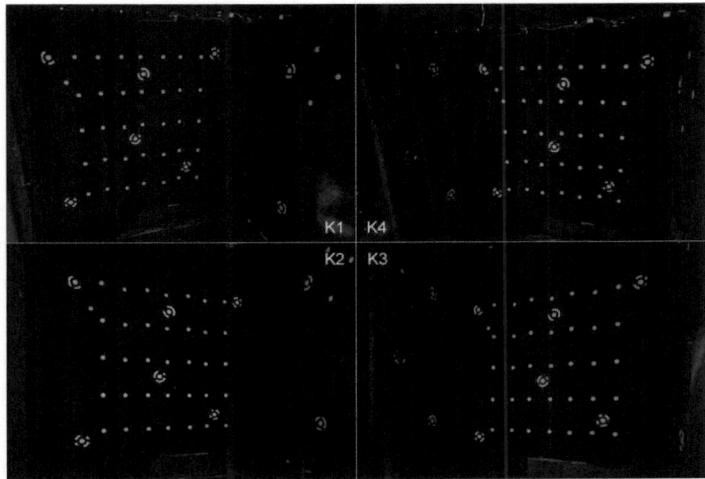

Abbildung 5.6: Aufnahmen eines Passpunktfeldes an der Wand des IM mit Kamera K1 bis K4.

richtet (Abbildung 5.6). Die Objektkoordinaten der 50 kodierten und unkodierten Punkte wurden mit übergeordneter Genauigkeit photogrammmetrisch bestimmt. Die potentielle Genauigkeit der Partikelkoordinaten beträgt 0,14 mm für die Lagekoordinaten und 0,15 mm für die Tiefenkoordinaten.

5.2 Tracer-Partikel

Um eine Strömung mit optischen Messverfahren erfassen zu können, muss diese mit künstlich zugefügten Partikel (so genannte Tracer) markiert werden. An die Auswahl von Tracern werden verschiedene Anforderungen gestellt. Die Auswahlkriterien sind:

- keine Eigenbewegung,
- keine Strömungbeeinflussung und
- gutes Folgeverhalten.

Mit anderen Worte: die Partikel sollen ein infinitesimal kleines virtuelles Fluidelement repräsentieren. Um dies zu gewährleisten, sollen die Partikel:

- möglichst klein sein (jedoch groß genug, um von einer Kamera detektiert zu werden),
- dichteneutral sein,
- gute optische Eigenschaften (Farbe, Reflexionsvermögen) haben.

Weil es keine perfekte Partikel gibt, die allen Anforderungen genügen, sollte zumindest eine Abschätzung gemacht werden, wie gut die Partikel die Strömung folgen. Dieses Problem wird später im Abschnitt 5.9 diskutiert.

Es ist relativ einfach, geeignete Feststoffpartikel für Flüssigkeitsströmungen zu finden, da es immer Stoffe gibt, die die gleiche Dichte wie die Flüssigkeit haben. Für Gasströmungen ist das nicht der Fall, weil es keine Materialien mit der Dichte eines Gases gibt. Die zu große Dichte kann aber praktisch durch einen sehr kleinen Durchmesser der Partikeln kompensiert werden. Nach Melling [78] sollten Partikel wie Glaskügelchen, Öltropfen, TiO_2- und Al_2O_3-Pulver einen Durchmesser von 0,5 - 3 μm haben, um bei Messungen in turbulenten Strömungen eingesetzt werden zu können. Infolge des sehr kleinen Durchmessers wird aber die Messfläche oder das Messvolumen sehr eingeschränkt. Für ein extrem großes Messvolumen wie das "Ilmenauer Fass" sind Partikel dieser Größenordnung nicht geeignet. Hier bietet sich die Möglichkeit, die Dichte eines hohlen Partikels durch Füllung mit einem leichten Gas, wie z.B. Helium, zu kompensieren. Die messtechnische Realisierung stellen heliumgefüllten Seifenblasen und heliumgefüllte Latexballons dar. Diese beiden alternativen Tracer-Partikel wurden bezüglich Sichtbarkeit und Lebensdauer getestet, um sie später in thermischer Konvektion in großen Messvolumina zur Untersuchung von groß-skalige Zirkulationen mittels PTV einsetzen zu können.

5.2.1 Heliumgefüllte Seifenblasen

Die heliumgefüllten Seifenblasen (HSB) sind ein bewährtes Hilfsmittel, um Strömungen in Windkanälen und Raumluftströmungen zu visualisieren [79]. Folgende Arbeiten wurden bereits mit HSB als Tracer-Partikel durchgeführt. Suzuki und Kasagi [80] verwendeten HSB für PTV-Messungen in einem gekrümmten Kanal, Okuno *et al.* [81] führten PTV-Messungen in der Klimaanlage eines Fahrzeuges durch. Kessler und Leith [82] benutzten HSB, um eine Zyklonströmung zu visualisieren. Müller *et al.* [83] und Kühn *et al.* [84] haben PIV-Messungen von Ventilationsströmungen in einer Flugzeugkabine mit HSB durchgeführt. Zhao *et al.* setzten HSB für PIV-Messungen in belüfteten Räumen ein. Ebenfalls in zwangsbelüfteten Räumen haben Müller und Renz [85, 86] sowie Scholzen und Moser [87] Particle-Streak[1]-Messungen mit HSB-Partikeln durchgeführt. Weitere Particle-Streak-Messungen sind von Müller *et al.* [88] in der Einlassströmung eines Wärmetauschers durchgeführt wurden.

An den Einsatz von HSB-Partikeln in thermischer Konvektion werden zusätzliche Anforderungen gestellt. Die Lebensdauer der Blasen sollte bei hohen Temperaturen (bis zu 50°C) mehrere Minuten betragen. Sehr wichtig ist weiterhin die gute Sichtbarkeit der Blasen, um diese aus großen Entfernungen von bis zu 7 m mit den Kameras zuverlässig detektieren zu können.

---

[1]Particle-Streak-Tracking - Partikelspuren-Verfolgung oder PTV mit langer Belichtungszeit.

5.2 Tracer-Partikel

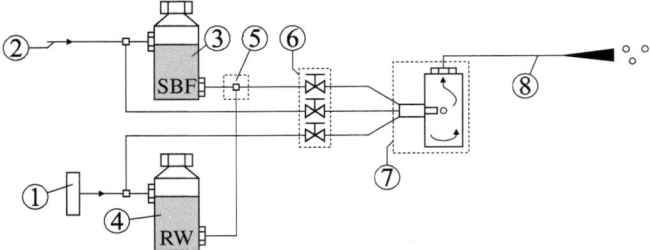

Abbildung 5.7: Prinzipschema des Seifenblasengenerators. "1" - internes Hochdruckgebläse, "2" - Heliumversorgung von einer Druckflasche, "3" - Behälter für Seifenblasenfluid, "4" - Behälter für Reinigungswasser, "5" - Ventil zur Umschaltung zwischen Betrieb und Reinigung, "6" - Feineinstellungsventile für Helium, BF und Luft, "7" - Düse mit Zyklonfilter und "8" - Einlassröhre mit konischem Auslass (Diffusor).

Die Seifenblasenflüssigkeit (BF) wurde von der Arbeitsgruppe Tensidchemie in der Gesellschaft zur Förderung der naturwissenschaftlich-technischen Forschung[2] in Berlin-Adlershof entwickelt. Die Zusammensetzung dieser Flüssigkeit besteht aus nichtionischen, anionischen, ein- und mehrwertigen Alkoholen und einer Biopolymer-Matrix. Sie ist weder toxisch noch gesundheitsschädlich. Mehrere BF wurden bezüglich Sichtbarkeit und Lebensdauer bei verschiedenen Temperaturen getestet. Weiterhin sind zwei verschiedene Messungen zur Bestimmung des Blasendurchmessers durchgeführt worden, um das Dichteverhältnis ρ_{HSB}/ρ_{Luft} zu bestimmen.

Seifenblasengenerator

Seifenblasen können nicht im Voraus hergestellt und bis zur Anwendung aufbewahrt werden. Sie müssen für jedes Experiment in situ produziert werden. Dafür braucht man einen Seifenblasengenerator (SBG), der stabil und zuverlässig über längere Zeit HSB generiert. Kommerziell gibt es kein SBG auf dem Markt, der diese Anforderungen erfüllt. Der SAI-Blasengenerator der Firma SAGE Action Inc[3] ist nicht in der Lage, über einen längeren Zeitraum heliumgefüllte Seifenblasen mit hoher Lebensdauer und in erforderlicher Anzahl zu produzieren. Ein Grund dafür ist der Betrieb mit einer externen Druckluftquelle. Deshalb wurde am Hermann-Rietschel-Institut der TU Berlin ein neues Gerät entwickelt und für die Partikelerzeugung für diese Arbeit bereitgestellt [89]. Die Hauptbestandteile des SBG sind die Basiseinheit, die vier Düsen mit Zyklonfilter und die vier Einlassröhren.

Die Basiseinheit beinhaltet Behälter für BF und Reinigungswasser, ein ölfreies Hochdruckgebläse und

---
[2]GNF e.V., Volmerstr. 7, 12489 Berlin
[3]SAI Bubble Generator System, P.O.Box 416, Ithaca, NY, USA

5 Vorversuche in einer rechteckigen Raumzelle

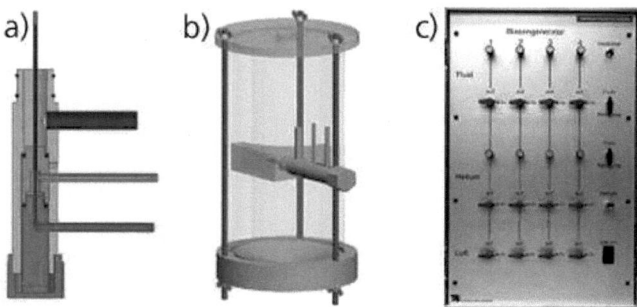

Abbildung 5.8: Hauptbestandteile des Seifenblasengenerators. a) Düse. b) Zyklonfilter mit Düse. c) Frontplatte des Generators. Quelle: Dahms et al. [89]

einstellbare Ventile für Luft, Helium und BF. Das Prinzipschema ist in Abbildung 5.7 zu sehen, die Frontplatte mit den Bedienelementen in Abbildung 5.8c. Bessere Blaseneigenschaften werden durch die separate Einstellung der Helium- und BF-Menge für jede Düse erreicht. Der Luftstrom dagegen wird für alle Düsen parallel eingestellt, wobei die Möglichkeit besteht, einzelne Düsen auszuschalten. Durch die Variation des BF- und Luftvolumenstromes lassen sich die Düsen für hohe Seifenblasenproduktionsraten optimieren. Die Düsen bestehen aus drei koaxial angeordneten Kanälen für BF, Heluim und Luft, die für Reinigungszweche einfach zu demontieren sind (Abbildung 5.8a). Die Düsen münden in den Zyklonfilter (Abbildung 5.8b). Dieser dient zur Separation von nicht-dichteneutralen Blasen. Außerdem sammelt sich im Filter die Restflüssigkeit, die dann über ein Ventil am Boden abgelassen werden kann. Vom Zyklonfilter gelangen die dichteneutralen Seifenblasen über lange flexible Schläuche ins Messvolumen. Um die Austrittsgeschwindigkeit der Partikel zu reduzieren und so die Strömung möglichst wenig zu stören, münden die Schläuche in einem konischen Diffusor mit einem Flächenverhältnis von 1 zu 100.

Anzahl und Lebensdauer der Blasen

Es wurden gemeinsam mit der TU Berlin, Herman-Rietschel-Institut, verschiedene Rezepturen für Blasenflüssigkeiten getestet. Ziele der Entwicklung sind an erster Stelle die Vergrößerung der Anzahl der produzierbaren Seifenblasen und die Erhöhung der Lebensdauer der Seifenblasen. Weiterhin stehen Langzeitstabilität, einfache Lagermöglichkeit der BF und geringe Herstellungskosten im Mittelpunkt der Forschung. Insgesamt elf BF wurden bezüglich Anzahl und Lebensdauer der Seifenblasen getestet. Abbildung 5.9 zeigt den experimentellen Aufbau der TU Berlin. Die HSB werden in einer schwarz angestrichenen Testkammer eingeführt. Mittels eines regelbaren Ventilators wird in der Kammer ei-

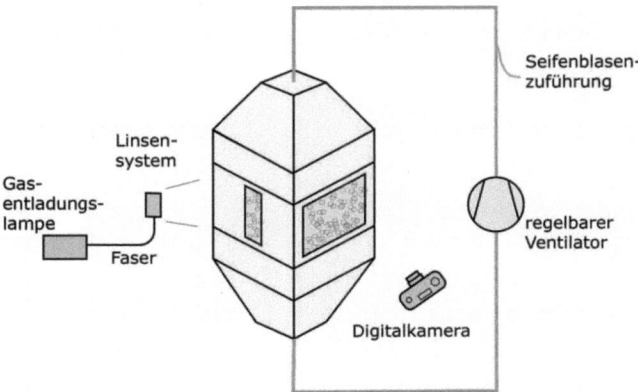

Abbildung 5.9: Testkammer zur Bestimmung der Anzahl und Lebensdauer der heliumgefüllten Seifenblasen. Quelle: Dahms *et al.* [89]

ne Strömung erzeugt. Die Richtung der Strömung ist von oben nach unten. Die Beleuchtung in der Kammer geschieht mit einem Lichtschnitt durch das Seitenfenster. Durch das Frontfenster mit den Abmessungen von 60×60 cm^2 werden Aufnahmen mit einer Spiegelreflexkamera gemacht. Der Messung verläuft so, dass die Kammer solange mit Blasen gefüllt wird, bis ein stationärer Zustand erreicht ist. Der Blasenzufuhr wird unterbrochen und alle sechs Sekunden wird ein Bild gemacht, solange bis auf drei nacheinander folgenden Bildern keine Blasen mehr zu sehen sind. Anschließend werden die Digitalaufnahmen automatisch ausgewertet. Das Ergebnis ist graphisch in Abbildungen 5.10 und 5.11 dargestellt. Für die weitere Entwicklung der BF wurde eine Rezeptur gewählt, die hohe Anzahl und lange Lebensdauer der produzierten HSB gewährleistet. Diese Blasenflüssigkeit kann über ein Jahr gelagert werden.

Die gewählte BF wird als "Bubble-Kiss-07" bezeichnet und dient als Vergleichsnormal für die weiteren Versuchsreihen. Als nächstes wurde die Anzahl der produzierten HSB bei verschiedenen Temperaturen getestet. Der Unterschied zu den vorherigen Versuch besteht darin, dass die Seifenblasen kontinuierlich in die beheizbare Versuchskammer geleitet wurden. Bei einigen diesen Versuchsreihen wurde Butanol (einige Tropfen) in den Zyklonfilter zugegeben, um die Schaumbildung zu verringern. Das Ergebnis ist in Tabelle 5.2 zusammengefasst. BF C-358-1 hat eine sehr geringe Ergiebigkeit gezeigt. Die niedrige Seifenblasenanzahl und die hier instabile Betriebsweise des Blasengenerators führten zur Schlussfolgerung, keine weiteren Tests auf Basis dieser Probe durchzuführen. Die Ergebnisse von Probe C-358-2 sind ähnlich wie Bubble-Kiss-07. Bei den mittleren Temperaturen (30°C und 40°C) wurden hier die be-

5 Vorversuche in einer rechteckigen Raumzelle

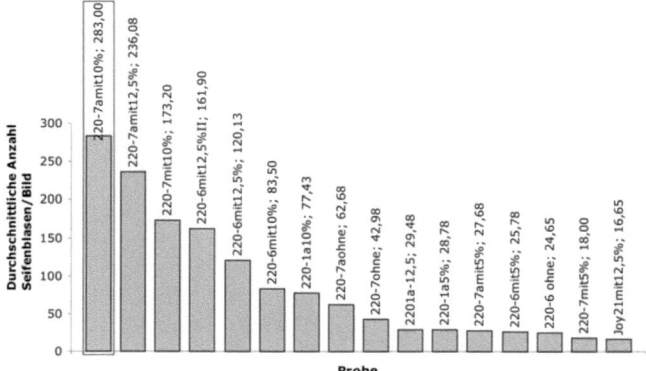

Abbildung 5.10: Durchschnittliche Anzahl der Blasenspuren in einem Bild für verschiedene BF-Rezepturen. Der Mittelwert wurde aus 40 Aufnahmen gebildet. Rot eingerahmt ist die Rezeptur, die als Grundlage für weitere Entwicklung gedient hat. Quelle: Müller *et al.* [90]

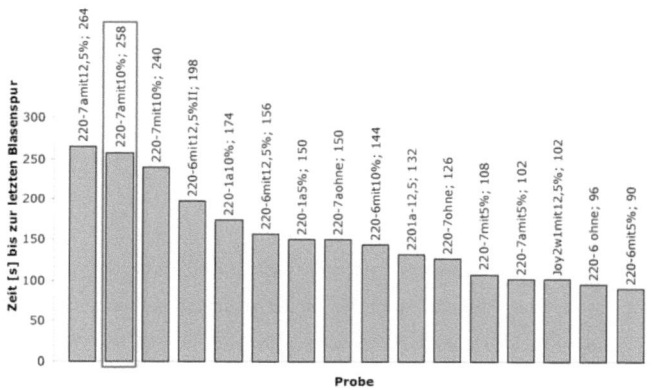

Abbildung 5.11: Lebensdauer der heliumgefüllte Seifenblasen für verschiedene BF-Rezepturen. Rot eingerahmt ist die Rezeptur, die in Abb. 5.10 die höchste Anzahl der produzierten HSB gewährleistet. Quelle: Müller *et al.* [90]

5.2 Tracer-Partikel

Temperatur	Bubble-Kiss-07	C-358-1	C-358-2	C-358-3	C-358-4	C-358-5	C-358-6
20°C	867	241	746	148	251	341	1036
30°C	485	577 +B	451	123	33	59	245
40°C	105	5 +B	206	99	139	17	151
50°C	36	-	88	34	23	13	98

Tabelle 5.2: Vergleich der Beständigkeit der heliumgefüllte Seifenblasen. Die Anzahl stellt die Summe über 40 Aufnahmen bei den jeweiligen Temperaturen dar. "+B" steht für die Zugabe von Butanol. Quelle: Müller [91]

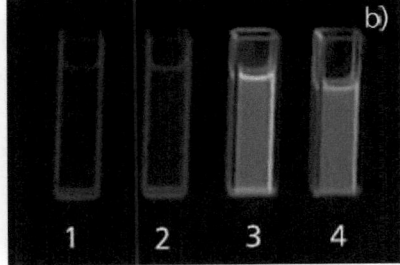

Abbildung 5.12: a) Seifenblasenabbildungen aus verschiedener Entfernung zur Kamera. Die Aufnahme wurde im Dauerbelichtungsmodus mit Stroboskoplampe gemacht. Die kleinsten Partikelabbildungen sind 3 m von der Kamera entfernt. Weiter entfernte Partikel können nicht mehr detektiert werden. b) Glasküvetten mit verschiedenen Flüssigkeiten zur Untersuchung der Sichtbarkeit von fluoreszierenden Seifenblasen. Probe 1 - Wasser, Probe 2 - normale BF, Probe 3 - normale BF mit Ciba® Tinopal® DMS-X hk und Probe 4 normale BF mit Ciba® Uvitex®

sten Lebensdauerwerte erreicht. Mittelmäßige Schaumbildung, eine hohe Ergiebigkeit und stabiles Arbeiten des BG sind weitere Merkmale dieser Probe. Proben C-358-3, -4 und -5 haben ähnlich schlechte Ergebnisse wie C-358-1 erzielt. Mit C-358-6 wurden die besten Ergebnisse bei Raumtemperatur gewonnen. Aber auch bei 40°C und 50°C liegen die Werte über denen von Bubble-Kiss-07. Die schnelle stabile Einstellung am BG, die geringe Schaumbildung und die große Ergiebigkeit lassen diese Probe interessant werden. Durch die Zugabe von Butanol (bei Probe C-358-1) konnte teilweise auch eine höhere Anzahl von Seifenblasen erzielt werden.

Sichtbarkeit der Blasen

In Vergleich zu Feststoffpartikel haben HSB besondere optische Eigenschaften. Bedingt durch den Aufbau der Blase mit einem sehr dünnen und durchsichtigen Wasser-Seife-Film sehen wir nicht die Seifenblase selbst, sondern die mehrfachen Spiegelungen der Lichtquellen auf der Blaseoberfläche. Bei kleinem Messvolumen und hochauflösender Kamera führt das zu Doppelabbildungen. Dank der Größe des Experiments in dieser Arbeit verschmelzen jedoch diese Spiegelungen wegen Auflösungsgrenze in einem Leuchtfleck. Durch die kurzen Belichtungszeiten der Blitze erhält man ideal runde Abbildungen der Partikel wie in Abbildung 5.12 zu sehen ist. Die unterschiedliche Größe der Partikelabbilder ist durch den Abstand zur Kamera bedingt. In der Testzelle IM und auch später im IF konnte festgestellt werden, dass mit der verwendeten Aufnahmetechnik normale HSB mit einem Durchmesser von 3 mm bis zu einer Entfernung von 3 m detektiert werden können. Bei größerer Entfernung werden die Blasen auf ein Pixel abgebildet. Um eindeutig detektiert werden zu können, sollten deshalb die abgebildeten Partikel größer als ein Pixel und hinreichend hell sein. Machacek [92] schlägt drei Möglichkeiten vor, um die optischen Eigenschaften der Blasen zu verbessern. Als erstes kann man die Streuung des Blasenfilms erhöhen, indem man z.b. mikrometergroße Al_2O_3-Partikel ins BF zumischt. Weiterhin könnten die Blasen mit Rauch gefüllt oder der Blasenfilm durch Zusatzstoffe und UV-Beleuchtung zum Fluoreszieren angeregt werden.

Für die Verbesserung der Sichtbarkeit der Blasen wurde die letzte Variante getestet. Auf diese Art und Weise erhöht man den Kontrast zwischen Partikel und Hintergrund, weil man nun ein leuchtendes Partikel in einem dunklen Messvolumen hat. Dafür wurden von GNF e.V. zwei weitere BF hergestellt, denen fluoreszierende Farbstoffe beigefügt wurden. In unseren Fall waren das zwei optische Aufheller[4] der Firma Ciba.

Die Messung der Helligkeit der fluoreszierenden Blasen geschah auf folgende Art und Weise: Vier kleine Glasküvetten wurden mit verschiedenen BF gefüllt. Den beiden fluoreszierenden Lösungen wurden zum Vergleich Wasser und die konventionellen nicht-fluoreszierenden BF gegenübergestellt (Abbildung 5.12). Die Küvetten wurden mit einer UV-Leuchtstoffröhre (36 W) bestrahlt und von 1 m Entfernung mit einer Kamera mit UV-Filter und 30 s Belichtungszeit fotografiert. Auf den digitalen Bildern erfolgte danach eine Grauwertanalyse. Das Ergebnis ist in Tabelle 5.3 dargestellt. Das Fazit dieser Messung ist, dass durch fluoreszierende HSB der Kontrast und dadurch auch die Sichtbarkeit der Blasen erhöht werden kann, es aber keine merklichen Unterschiede zwischen Probe 3 und 4 gibt. Allerdings sollte

---

[4]Optische Aufheller sind fluoreszierende Substanzen, deren Funktion die Steigerung des Weißgrades, insbesondere durch Kompensation des Gelbstiches von Materialien ist. Verwendung finden sie in der Waschmittel-, Textil-, Faser-, Papier- und Kunststoffindustrie, um eine durch Bleichen nicht restlos beseitigte, auf Reststoffen beruhende Gelblichkeit der aufzuhellenden Stoffe zu kompensieren.

5.2 Tracer-Partikel

Flüssigkeit	Grauwert
Wasser	5
BF	10,5
BF + Ciba® Tinopal®	87,6
BF + Ciba® Uvitex®	82,7

Tabelle 5.3: Vergleich der Fluoreszenzintensität der verschiedenen Blasenflüssigkeiten mittels Grauwertanalyse, 0-Wert entspricht schwarz, 236-Wert entspricht weiß.

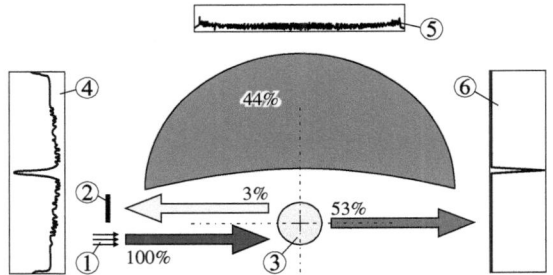

Abbildung 5.13: Schematische Darstellung der optischen Eigenschaften einer Seifenblase. "1" - einfallender Lichtstrahl, "2" - Lichtsensor (Kamera), "3" - Seifenblase (Durchmesser 4 mm); "4","5" und "6" - Intensitätsverteilung für den reflektierten, durchgehenden und gestreuten Anteil des Lichtes.

man beachten, dass für Messvolumen der Größe des IM oder IF UV-Lampen mit sehr hoher Leistung benötigt werden, was zu großer thermischer Belastung der Konvektionszelle führen würde.

Die optischen Eigenschaften der nicht-fluoreszierenden Blasen wurden analytisch mit der Optik-Software ASAP® berechnet [93]. Dafür wurde eine Blase angenommen, die einen Durchmesser von 4 mm hat und von einer Lichtquelle aus 2 m Abstand bestrahlt wird. Daraus wurde die Intensitätsverteilung aus Reflektion und Brechung in allen Richtungen in 2 m Entfernung bestimmt. In Abbildung 5.13 sind die Ergebnisse zusammengefasst. Wenn ein Lichtstrahl auf eine Blase trifft, wird nur 3% des Lichtes reflektiert, dagegen beträgt der Transmissionsanteil 53%. Der Rest wird gleichmäßig zur Seite gestreut. Demzufolge würde die optimale Position der Lichtquelle genau gegenüber den Kameras sein. Dies ist jedoch mit einer Übersteuerung der Kameras durch andere, nicht auf Blasen treffende Lichtstrahlen verbunden und deshalb nicht praktikabel. Somit bleibt als einzig akzeptable Lösung die Anordnung der Lichtquellen unmittelbar neben den Kameras.

5 Vorversuche in einer rechteckigen Raumzelle

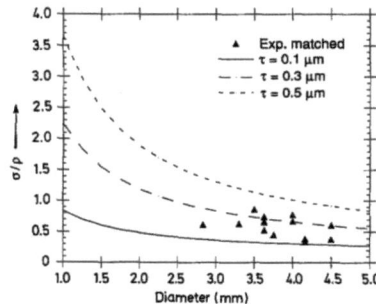

Abbildung 5.14: Relation zwischen Blasendurchmesser, Dichteverhältnis σ/ρ und Filmdicke τ nach Kerho und Bragg [94].

Durchmesser der Blasen

Eine HSB ist dichteneutral, wenn eine bestimmte Relation zwischen Größe und Masse besteht. Dies bedeutet, dass bei einer gegebenen stoffabhängigen Dicke der Seifenblasenhaut nur ein bestimmter Durchmesser der Blase die Dichteneutralität gewährleistet. Abbildung 5.14 zeigt das Verhältnis zwischen den Durchmesser, das Dichteverhältnis ρ_{HSB}/ρ_{Luft} (σ/ρ im Diagramm) und die Filmdicke τ der Blase nach Kerho und Bragg [94].

Es wurden zwei verschiedene Messungen des Blasendurchmessers durchgeführt. Bei der ersten Messung wurde die Blasengröße auf 50 Digitalaufnahmen mit 338 Blasen bestimmt. Damit nur Blasen erfasst werden, die den gleichen Abstand zur Kamera haben, wurden die Aufnahmen nicht mit einer Volumenbeleuchtung, sondern mit einem Laserlichtschnitt gemacht. Mit Hilfe eines Maßstabes wurden die Pixel, die eine Blase auf dem Bild bedeckt, in Millimeter umgerechnet und so ein Blasendurchmesser von 3 bis 4 mm ermittelt. Wenn wir annehmen, dass die Filmdicke der Blasen zwischen 0,1 und 0,5 μm beträgt, liegen unsere HSB im selben Bereich $\sigma/\rho = 1$ wie die experimentell gemessene Werte von Kerho und Bragg in Abbildung 5.14.

Die zweite Untersuchung der Blasengröße erfolgte mit einer optischen Messsonde (IPP50 von der PARSUM GmbH [95], Petrak [96]). In dieser Sonde befinden sich zwei Messkanäle mit faseroptischen Sensoren, welche nach dem Lichtschrankenprinzip arbeiten. Im ersten Kanal wird mit einer Faser als Ortssensor die reine Flugzeit ("Time of Flight") der Blase durch die Transmissionsänderung beim Ein- und Austritt der Messstrecke bestimmt. Die zweite Messstrecke besteht aus einem Faserarray mit bekanntem Faserabstand. Damit wird ähnlich dem LDA-Verfahren aus der Helligkeitsmodulation des Lichtes bei der Passage des Faserarrays die Geschwindigkeit der Blase bestimmt. Aus Flugzeit und Geschwindigkeit lässt sich nun einfach der Durchmesser dieser Partikel bestimmen. Im Ergebnis dieser Messungen wurde eine mittlere Blasengeschwindigkeit von 11 m/s ermittelt. Diese Geschwindigkeit ist aber nicht die Injektionsgeschwindigkeit ins PTV-Messvolumen, sondern die Geschwindigkeit im Plastikschlauch zwischen Zyklonfilter und Diffusor. Durch die Querschnittserweiterung um den Faktor 100 reduziert sich die Injektionsgeschwindigkeit auf 0,11 m/s. Mit der Primärgeschwindigkeit erhält man einen mittleren Blasendurchmesser von 1,9 mm. Dieser Wert ist etwas kleiner als der aus den Digitalaufnahmen berechnete Wert. Die Abweichung lässt sich durch geringfügige unterschiedliche Einstellung der Parameter am Blasengenerator erklären, weil beide Messmethoden nicht gleichzeitig angewendet wurden konnten und die Reproduzierbarkeit der Einstellungen am Blasengenerator begrenzt ist. Der Vorteil der optischen Messsonde besteht in ihrer möglichen Integration in den Blasengenerator. Dann könnten in Echtzeit Blasengeschwindigkeit und Blasendurchmesser gemessen und für die Steuerung des Generators verwendet werden. Dies soll bei der Weiterentwicklung des Blasengenerators berücksichtigt werden.

5.2.2 Heliumgefüllte Latexballons

Um lange Zeitreihen aufzunehmen und Lagrangesche Untersuchungen durchführen zu können, wurden alternativ zu heliumgefüllte Seifenblasen weiße, heliumgefüllte Latexballons (HLB) verwendet. Die Lebensdauer der Ballons wird durch die Leckrate des Heliums begrenzt. Helium mit seinen kleinen Moleküldurchmesser diffundiert sehr schnell durch organische Wandmaterialien. Die Dichtheit der Latexhülle kann durch eine spezielle Lösung ("Hi-Float" der Fa. HI-FLOAT[5]) erhöht werden. Diese trocknet im Innern des Ballons und bildet dabei eine Schicht, die das Austreten von Helium vermindert. Die Latexballons schweben dann bis zu 25 mal länger und sind so 15 - 20 Stunden einsetzbar. Die 150 mm großen HLB wurden mit Helium gefüllt, mit kleinen Gewichten ausbalanciert und einzeln ins Messvolumen eingebracht.

5.3 Folgeverhalten von Tracer-Partikeln

Das PTV-Verfahren stützt sich auf das Vorhandensein von Tracer-Partikeln, die nicht nur der Strömung mit allen ihren Geschwindigkeitsfluktuationen folgen, sondern auch in einer ausreichenden Konzentration vorliegen sollen, um die gewünschte zeitliche und räumliche Auflösung der gemessenen Strömungsgeschwindigkeit zu erreichen. In der Praxis können diese Forderungen allerdings nie vollständig erfüllt werden, denn es gibt keine idealen Tracer-Partikel.
Wie im vorigen Abschnitt berichtet, verwenden wir als Tracer-Partikel heliumgefüllte Seifenblasen und

---

[5]Louisville, KY, USA

5 Vorversuche in einer rechteckigen Raumzelle

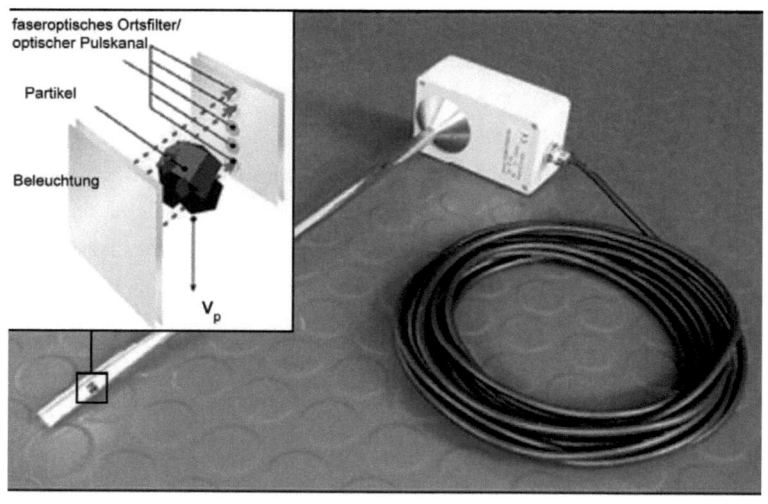

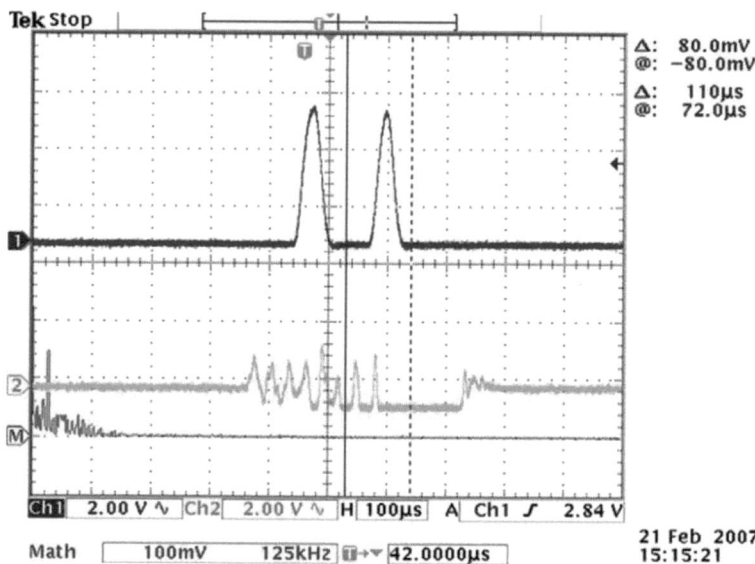

Abbildung 5.15: In-line-Partikelgrößensonde IPP50 [95] (oben) und gemessenes Signal der Partikelflugzeit (dunkelblau) sowie der Partikelgeschwindigkeit (hellblau) (unten).

5.3 Folgeverhalten von Tracer-Partikeln

Latexballons. Beide Partikelarten sind durch die Heliumfüllung dichteneutral bezüglich Luft, haben aber unterschiedliche Massen und Durchmesser. Dieser beträgt bei den Seifenblasen 3 bis 5 mm und bei den Ballons 150 mm.

Es ist bekannt, dass das Verhalten von Tracer-Partikeln in laminaren und turbulenten Strömungen von ihrer Größe und Dichte abhängt. Sehr kleine dichteneutrale Partikel verhalten sich wie ideale Tracer-Partikel und ihre Dynamik entspricht dem dynamischen Verhalten der Fluidpakete. Wenn aber die Partikeldichte sich von der Dichte des umgebenden Fluids unterscheidet und (oder) die Partikelgröße mit der Ausdehnung der turbulenten Wirbelstrukturen vergleichbar ist, differiert die Partikelbewegung mehr oder weniger stark von der der Fluidpakete und die Trägheitskräfte spielen eine größere Rolle.

In Hinblick auf die Größe unseres Messvolumens (ca. 130 m^3) ist der Einsatz der herkömmlichen Mikropartikel nicht praktikabel. Aus bis zu sieben Meter Entfernung können von den Kameras keine Partikel kleiner als einen Millimeter detektiert werden. Bei den 5 mm großen Seifenblasen und vor allem bei den 150 mm großen Latexballons stellt sich nun die Frage, wie gut sie der Strömung im IF folgen? Das Folgeverhalten von Tracer-Partikeln lässt sich mit der Stokes-Zahl bzw. mit der Partikelreaktionszeit beschreiben. Für kleine Reynoldszahlen wird die Reaktionszeit t_r gewöhnlich wie folgt definiert:

$$t_r = \frac{2}{9} \cdot r^2 \cdot \frac{\rho_p}{\mu} \qquad (5.1)$$

Diese Definition rührt von der Enddimensionierung der Bewegungsgleichung eines sphärischen Feststoffartikels mit dem Radius r und der Dichte ρ_p in einem umgebenden Fluid mit der dynamischen Viskosität μ her, der sogenannten Basset-Boussinesq-Oseen (BBO)-Gleichung [97], [98]. Diese charakteristische Zeit wird auch als Stokes-Zeit bezeichnet [99], da sie sich direkt aus der Stokesschen Reibungskraft

$$\vec{F}_s = 6\pi r \mu \vec{v} \qquad (5.2)$$

ableiten lässt.

Die BBO-Gleichung lautet für kleine Reynolds-Zahlen in der Originalform wie folgt:

$$\frac{4}{3}\pi r^3 \rho_p \frac{d\vec{v}}{dt} + \frac{2}{3}\pi r^3 \rho_f \frac{d\vec{v}}{dt} = -6\pi r \mu \vec{v} - \frac{4}{3}\pi r^3 \vec{\nabla} p + \frac{4}{3}\pi r^3 \rho_p \vec{g}$$

$$-6r^2 \sqrt{\pi \rho_f \mu} \int_0^t \frac{d\vec{v}/dt'}{\sqrt{t-t'}} dt' \qquad (5.3)$$

und beschreibt die Bewegung eines Partikels mit der Geschwindigkeit $\vec{v}$, der Dichte ρ_p, dem Radius r in einem Fluid mit der Viskosität μ, der Dichte ρ_f, dem Druckgradient $\vec{\nabla} p$ und der Erdbeschleunigung $\vec{g}$.

Die beiden Terme auf der linken Seite stehen für die Trägheitskräfte von Partikel und verdrängtem Fluid ("added mass"-Term), während auf der rechten Seite die äußeren Kräfte Stokessche Reibung, statischer Druck, Graviation und "Basset"-Term aufgezählt sind. Der "Basset"-Term berücksichtigt die Instationarität der Strömung, wodurch über die Viskosität des Fluids weitere Reibungskräfte von beschleunigten Fluidpaketen auf das Partikel wirken. Diese auch mit "History"-Term bezeichneten Wechselwirkungskräfte sind im Vergleich zu den anderen Kräften klein und werden insbesondere bei einen großen Dichteunterschied p_p/p_f in der Regel nicht berücksichtigt. Mehr oder weniger vollständige semi-analytische Lösungen der BBO-Gleichung sind zum Beispiel bei Maxey and Riley [100], Melling [78], Michaelides [101] und Alexander [102] zu finden.

Die Integration der Bewegungsgleichung 5.3 für ein sich mit einer gegebenen Anfangsgeschwindigkeit in einem ruhenden Fluid bewegenden Partikel liefert für eine laminare Umströmung unter Berücksichtigung von Stokes- und "added mass"-Term eine Reaktionszeit (1/e - Abfall der Anfangsgeschwindigkeit, siehe Brennen [103]) von:

$$t'_r = \frac{1}{9}r^2\frac{\rho_p}{\mu}\left(2\frac{\rho_p}{\rho_f}+1\right) \qquad (5.4)$$

Mit der Annahme eines dichteneutralen Partikels ($\rho_p = \rho_f$) folgt:

$$t'_r = \frac{3}{9}r^2\frac{\rho_p}{\mu} \qquad (5.5)$$

Wenn man die relativ großen heliumgefüllten Seifenblasen und vor allem die Latexballons als Tracer-Partikel in Luft einsetzt, ist die bisher verwendete Annahme einer laminaren Umströmung mit kleiner Reynoldszahl (Re < 1) nicht mehr zutreffend. Anstelle des Stokesschen Reibungsterms proportional zur Strömungsgeschwindigkeit wird nun der allgemeine Reibungsansatz mit Widerstandsbeiwert und quadratischer Abhängigkeit von der Geschwindigkeit benutzt.

$$\frac{4}{3}\rho_p\pi r^3\frac{d\vec{v}}{dt} + \frac{4}{6}\rho_f\pi r^3\frac{d\vec{v}}{dt} = -c_w\frac{\rho_f}{2}\pi r^2\vec{v}^2 \qquad (5.6)$$

Hierbei bewegt sich der Ballon mit der Geschwindigkeit v in ruhender Luft und hat den Widerstandsbeiwert c_w. Dieser ist von der Reynolds-Zahl abhängig. Bei Re = 10^4 beträgt der c_w-Wert 0,4 und für Seifenblasen (Re = 300) erhält man c_w = 0,8 [104].

Die Partikelresponsezeit definieren wir nun ähnlich wie in 5.4 mit dem 50%-Abfall der Anfangsgeschwindigkeit v_0 und erhalten für ein dichteneutrales Partikel:

$$t''_r = \frac{4r}{v_0 c_w} \qquad (5.7)$$

Vernachlässigt man noch den "added mass"-Term, folgt analog Gleichung 5.5 eine "Widerstandszeit" t'''_r:

$$t'''_r = \frac{8}{3}\frac{\rho_p}{\rho_f}\frac{r}{v_0 c_w} = \frac{8}{3}\frac{r}{v_0 c_w} \qquad (5.8)$$

5.3 Folgeverhalten von Tracer-Partikeln

	Seifenblase (r = 2 mm)	Latexballons (r = 75 mm)
t_r	0,06 s	83 s
t'_r	0,09 s	125 s
t''_r	0,01 s	0,75 s

Tabelle 5.4: Partikelreaktionszeiten aus Stokeszeit (t_r), BBO-Gleichung für laminare Umströmung (t'_r) und BBO-Gleichung für turbulente Umströmung für sich mit 1 m/s bewegende dichteneutrale Seifenblasen und Latexballons.

In Tabelle 5.4 sind die Reaktionszeiten für Seifenblasen und Latexballons zusammengefasst. Die Partikelreaktionszeit sollte kleiner als die kleinste charakteristische Zeit der Strömung sein. Da wir nur die groß-skaligen Strömungsstrukturen und nicht die kleinsten Wirbel in den Grenzschichten auflösen wollen, können wir die charakteristische Zeit t_c aus der Größe dieser Strukturen und der mittleren Strömungs- geschwindigkeit berechnen. Damit lässt sich die Stokes-Zahl als Maß für das Folgeverhalten der Partikel definieren:

$$St = \frac{t_r}{t_c} \qquad (5.9)$$

Die charakteristischen Zeiten t_c wurden aus den Autokorrelationsfunktionen der Geschwindigkeitszeitreihen der rekonstruierten Ballontrajektorien (siehe Abschnitt 6.3.2, Abbildung 6.2) ermittelt und in Tabelle 5.5 mit den entsprechenden Stokes-Zahlen aufgelistet. Die Ergebnisse zeigen, dass die aus den unterschiedlichen Partikelreaktionszeiten und Strömungsstrukturen berechneten Stokes-Zahlen bei Seifenblasen alle deutlich kleiner als eins sind. Damit kann festgestellt werden, dass die Seifenblasen für die Strömungsstrukturen außerhalb der Grenzschichten geeignete Tracerpartikel sind und der Strömung sehr gut folgen. Bei den Latexballons haben wir dagegen bei den üblichen laminaren Berechnungsmodellen Werte von größer als eins, was ein schlechtes Folgeverhalten bedeutet. Die Rekonstruktion von kleinen Strukturen wie die Tornados zeigt aber, dass in Praxis die Reaktionszeit der Ballons kleiner ist als mit t_r und t'_r berechnet. Diese Diskrepanz zwischen Theorie und Experiment kann wie folgt erklärt werden:

1. Die verwendeten Tracer-Partikel bestehen nicht wie sonst üblich aus einem festen Stoff, sondern aus einer Hülle und einer Gasfüllung zur Gewichtskompensation. Damit sind sie zwar dichteneutral, haben aber eine relativ große Masse.

2. Der Durchmesser der Partikel ist wesentlich größer als bei sonstigen Tracern für LDV- und PIV-Messungen. Aufgrund der dadurch größeren Reynoldszahlen von 100 für Seifenblasen und 10000 für Latexballons ist der laminare Ansatz der BBO-Gleichung, der nur für Re < 1 gilt, nicht mehr haltbar.

Aus diesen Gründen sollte nur die Stokes-Zahlen für die turbulente Umströmung für die großen Partikel berücksichtigt werden. Diese liegen auch bei den Latexballons unter dem kritischen Wert von eins.

Strömungs-struktur	charakteristische Zeit	Stokes-Zahl					
		Seifenblase			Ballon		
		(a)	(b)	(c)	(a)	(b)	(c)
Tornado	5 s	0,012	0,018	0,002	16,6	25	0,150
Kleine Walze	20 s	0,003	0,005	0,0005	4,2	6,3	0,038
Große Walze	40 s	0,0015	0,0023	0,0003	2,1	3,2	0,019

Tabelle 5.5: Stokes-Zahl für verschiedene groß-skalige Strömungsstrukturen und Reaktionszeiten: (a) Stokes-Zeit t_r, (b) BBO-Gleichung laminar und (c) BBO-Gleichung turbulent. Die charakteristischen Zeiten wurden aus den Autokorrelationsfunktionen der Geschwindigkeitszeitreihen ermittelt.

Da beide Partikelarten mit einem Gas gefüllt sind, können sich die Auftriebskräfte bei Variation der Umgebungstemperatur ändern und so die Dichteneutralität verletzen. In der Rayleigh-Bènard-Zelle ändert sich jedoch nur in den Grenzschichten an Heiz- und Kühlplatte die Temperatur, im übrigen Bereich ist sie bis auf kleine Fluktuationen konstant. Wegen ihrer Größe können die Latexballons nur minimal in diese Grenzschichten eindringen und werden somit in Praxis nicht von der Temperaturänderung beeinflusst. Auch die kleineren Seifenblasen bleiben dichteneutral, solange sie außerhalb der Grenzschichten bleiben.

Zusammenfassend können wir feststellen, dass sowohl heliumgefüllte Seifenblasen als auch heliumgefüllte Latexballons geeignete Tracer-Partikel für die Untersuchung von großskaligen Strömungsstrukturen in thermischer Konvektion mittels 3D-PTV darstellen. Im Falle der Latexballons lässt sich das Folgeverhalten durch eine Verringerung ihrer Größe noch verbessern.

5.4 Validierung des PTV-Systems

Um die Einsetzbarkeit des PTV-Systems unter dynamischen Bedingungen für ein großes Messvolumen zu prüfen, wurde im IM eine Validierungsmessung durchgeführt. Dabei wurde anstatt einer turbulenten Luftströmung die Trajektorie eines Modellpartikels aufgenommen, das sich auf einer bekannten Kreisbahn gleichförmig bewegte. Abbildung 5.16 (links) zeigt die Trajektorie des Modellpartikels in der x-y Ebene. Als Partikel diente eine kleine Glaskugel mit einem Durchmesser von 15 mm, welche mit einem 1210 mm langen Faden an einem 358 mm langen horizontal rotierenden Arm befestigt war (Abbildung 5.16 (rechts). Das gesamte System wurde mit einem Schrittmotor angetrieben und über einen Frequenz-

5.4 Validierung des PTV-Systems

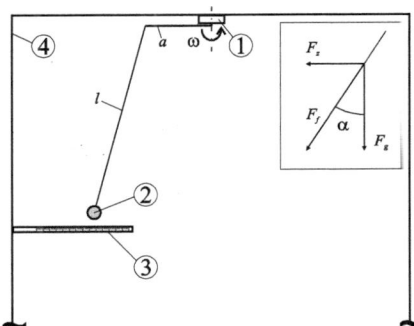

Abbildung 5.16: Validierung des PTV-Systems mit bekannter Trajektorie einer Glaskugel. Links: Stroboskopaufnahme der Trajektorie, rechts: schematische Darstellung, 1 - Schrittmotor, 2 - Glaskugel, 3 - Maßstab, 4 - Zelle, Inset: Kräftediagramm

generator angesteuert. Mit bekannter Winkelgeschwindigkeit ω und gemessenem Bahnradius r konnte so die Bahnkurve des Modellpartikels berechnet werden.

Die Berechnung des Bahnradius ist analytisch nicht möglich. Deshalb wurde die folgende Näherungslösung verwendet. Es wurden dazu folgende Vereinfachungen getroffen:

- Vernachlässigung des Strömungswiderstandes der Kugel,
- Vernachlässigung der Masse des Fadens,
- Vernachlässigung von Effekte durch Umströmung des Pendels und Luftbewegungen im Raum.

Bei einer Kameraaufnahmefrequenz von 2 Hz konnten pro Umdrehung bis zu 8 Punkte des Modellpartikels festgehalten werden. Minimale Abweichungen der Kreisfrequenz führen zu versetzte Aufnahmen bei mehreren Umdrehungen, wie später bei der rekonstruierten Bahnkurve zu sehen sein wird (Abbildung 5.17).

Auf den Pendelkörper wirken folgende Kräfte (siehe Abbildung 5.16 rechts Inset): die Gewichtskraft F_g, die Zentrifugalkraft F_z und die Fadenkraft F_f als Resultierende der ersten beiden Kräfte.

Durch die Kräftebilanz kommt man zu folgendem Zusammenhang:

$$g\frac{\sin\alpha}{\cos\alpha} - \omega^2 l \sin\alpha = a\omega^2, \qquad (5.10)$$

aus dem mit einem iterativen Näherungsverfahren der Winkel α ermittelt wird. Mit g = 9,81 m/s² (Erdbeschleunigung), ω = 1,57s^{-1} (Winkelgeschwindigkeit des Pendels), a = 0,358 m (Pendelarm) und l =

5 Vorversuche in einer rechteckigen Raumzelle

1,21 m (Länge des Fadens) lässt sich einen Winkel $\alpha = 7{,}34°$ ausrechnen. Damit bestimmen wir den Durchmesser der Kreisbahn des Modellpartikels mit:

$$d_{an} = 1025{,}5mm. \tag{5.11}$$

Auf Basis des errechneten Durchmessers ergibt sich die Umlaufgeschwindigkeit:

$$v_{an} = \omega r = 0{,}81 m/s. \tag{5.12}$$

Beide Werte wurden mit dem aus PTV-Daten ermittelten Durchmesser und der daraus berechnete Geschwindigkeit verglichen. Die Kreisbahn der Kugel wurde dabei gleichzeitig mit vier Kameras in einzelnen Schritten aufgenommen. Die Bildaufnahmefrequenz betrug dabei zwei Bilder pro Sekunde, die Anzahl der Bilder 53, (ca. 7 Umdrehungen). Die Beleuchtung erfolgte mittels der in Abschnitt 5.1.2 beschriebenen Blitzlampen. Aus den rekonstruierten 3D-Koordinaten des Modellpartikels wurde der Durchmesser der Bahnkurve bestimmt:

$$d_{exp} = 1018{,}9mm. \tag{5.13}$$

Die erreichte Genauigkeit beträgt dabei 2,3 mm für die Lagekoordinaten und 3,6 mm für die Tiefenkoordinaten.

Verglichen mit dem berechneten Durchmesser ist der experimentelle Wert 6,7 mm kleiner. Bezogen auf dem Durchmesser der Kreis sind das 0,66% Abweichung. Die rekonstruierte und reale Bahn sind in Abbildung 5.17 dargestellt.

5.5 Partikel-Tracking mit Radar-Technik

Im Rahmen dieser Arbeit wurde im Ilmenauer Modelraum eine neue Methode für die Detektion von Tracer-Partikeln getestet. Die Methode basiert auf der Anwendung von der UWB[6]-Radar-Technik. UWB-Radar-Sensoren nutzen elektromagnetische Wellen (EM) im gesamten Frequenzband von 100 MHz bis 10 GHz. Die große Bandbreite erlaubt im Vergleich zur herkömmlichen Radar-Technik eine sehr hohe Entfernungsauflösung. Im Gegensatz zu den schmalbandigen Systemen arbeitet die UWB-Technik präziser und stabiler, auch in einer Umgebung mit vielen Reflexionen und gewinnt so deutlich mehr Information über die Testobjekte. Im Fall einer Messung mit hohem SNR (Signal-Rausch-Verhältnis) und präziser Kalibrierung mittels Testkörper kann eine Entfernungsgenauigkeit unter einem Millimeter erreicht werden. Die tiefen Frequenzen in den Radarsignalen erlauben eine gute Durchdringung durch nichtmetallische Materialen und damit ermöglichen Erkennung und Lokalisierung von Objekten auch durch nichtmetallische Hindernisse wie z.B. Wände. Alle diese Eigenschaften prädestinieren

---

[6]ultra wide band (engl.) - Ultra-Breitband

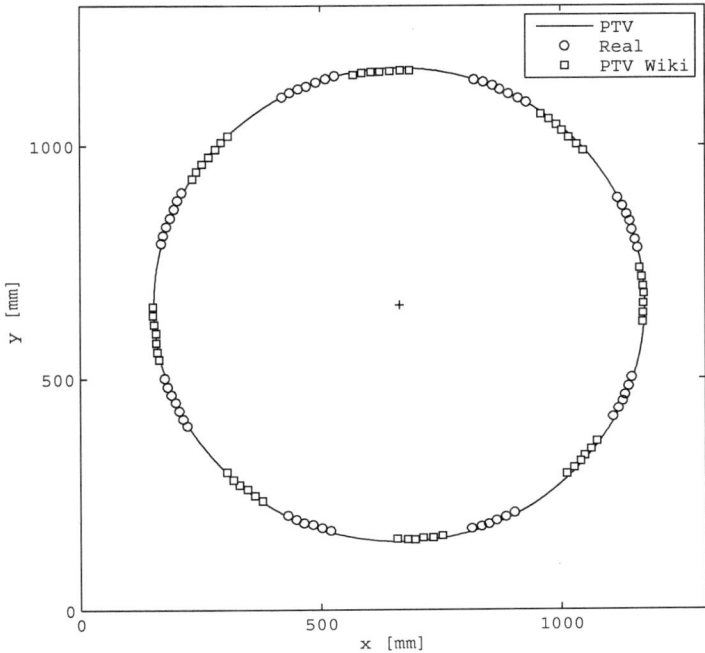

Abbildung 5.17: Mittels 3D-PTV (o), PTV Wiki (□) rekonstruierte und reale (−) Bahn des Modellpartikels.

die UWB-Radar-Sensoren für den Einsatz als Lokalisierungssysteme, die z.B. auch in erdbebenbeschädigten Gebäuden einsatzfähig sind.

In der Strömungsmesstechnik können mit dieser UWB-Technik Luftströmungen in großen Räumen mittels geeigneten Tracer-Partikeln dreidimensional detektiert werden. Dabei kommen metallisierte, heliumgefüllte Latexballons (MLB) mit einem Durchmesser von 300 mm zum Einsatz. Das System ist in der Lage, die Bewegung einzelner Ballons über einen langen Zeitraum zu verfolgen und die Ortskoordinaten zu berechnen. Das Messszenario ist in Abbildung 5.18 dargestellt. Eine Sendeantenne (Tx) sendet eine EM-Welle aus. Die Welle wird von dem MLB reflektiert und von mehreren im Raum verteilten Antennen (Rx1-Rx4) empfangen. Von den gemessenen Impulsantworten wird die Entfernung vom Ballon zu den Antennen bestimmt. Aus den Entfernungsdaten und den bekannten Antennenkoordinaten sind die Ortkoordinaten des Latexballons leicht zu berechnen. Das 3D-Verfahren benötigt mindestens 3 Kanäle (Empfangsantennen), um die Ortkoordinaten eindeutig zu bestimmen. Mit mehreren Antennen

5 Vorversuche in einer rechteckigen Raumzelle

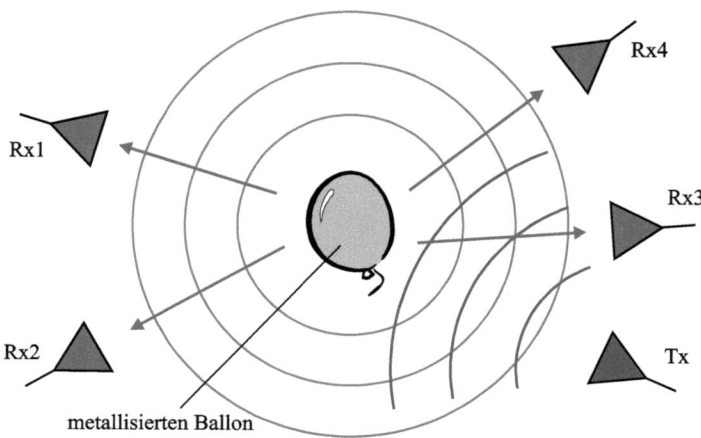

Abbildung 5.18: Prinzip der UWB-Radar-Technik zur Detektion von Tracer-Partikeln.

erhöht sich die Genauigkeit und die Zuverlässigkeit der Schätzung.

Die Messmethode für die Strömungsanalyse besteht aus folgenden Schritten:

- Messung,
- Parameterschätzung,
- Datenfusion.

In dem ersten Schritt misst man mit dem UWB-Radar die Impulsantworten während der Bewegung des MLB in Echtzeit. Zum Beispiel können M-Sequenz-Radarsysteme (Sachs et al. [105]) eine Impulsantwort in 56 ns messen. Die Messung ergibt zunächst eine Anzahl von Impulsantworten, die kalibriert werden müssen. Damit wird der Einfluss vom Messsystem (Radarsender, Messkabel, Antennen) auf die Genauigkeit beseitigt.

Ziel des zweiten Schritts ist es, von den kalibrierten Messdaten ausgewählte Parameter zu schätzen. Es gibt ganze Reihe von möglichen Parametern, die die Information über die Position von dem MLB beinhalten: Amplitude, Empfangsrichtung oder Zeitverzögerung einer EM-Welle, die auf dem Ballon reflektiert wird. Die Zeitverzögerung ist in der UWB-Radar-Technik ein bevorzugter Schätzparameter, da damit eine ausgezeichnete Zeitauflösung gegeben ist. Um die Zeitverzögerung der EM-Welle zu bestimmen, die von einer Sendeantenne ausgesendet und von dem MLB zu der Empfangsantenne reflektiert wird, muss man diese Welle aus den Messsignalen separieren. Der MLB ist aber nur ein kleines Objekt, welches die ankommende EM-Welle in alle Richtungen streut und die gesuchte reflektierte

5.5 Partikel-Tracking mit Radar-Technik

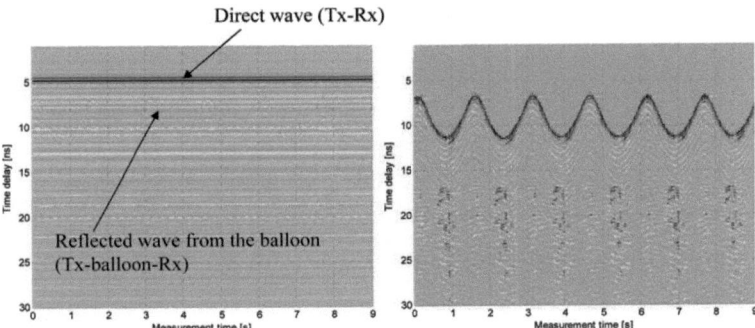

Abbildung 5.19: Links: gemessene Rohsignale, die horizontalen Linien stellen Reflektionen von verschiedenen statischen Objekten dar. Rechts: Ballonsignal nach der Signalverarbeitung mit Hintergrundabzug.

Welle ist deshalb von anderen, deutlich stärkeren Signalen größerer Objekte (z.B. Wände) überlagert. Diesen Effekt kann man in Abb. 5.19 links sehen. Die dargestellten Messdaten beinhalten:

- Eine direkte Welle, die von der Sendeantenne zu der Empfangsantenne gelaufen ist (eine horizontale Linie mit Zeitverzögerung 5 ns).

- Eine Anzahl von starken Reflektionen von verschieden Objekten der Umgebung (z.B. mit Zeitverzögerung von 8 ns, 10,5 ns).

- Ein zeitveränderliches Signal, das von einem Ballon reflektiert worden ist (sinusförmig und sehr schwach, ca. 8 ns).

Die störende Überlagerung des Nutzsignals mit Signalen von den Wänden lässt sich mit einer in der Radartechnik üblichen Methode lösen. Diese Methode wird häufig als Hintergrundabzug bezeichnet (Piccardi [106]) und ist für eine Detektion von bewegten Objekten in einer statischen Umgebung entwickelt worden. Die statischen Komponenten werden dann von gemessenen Impulsantworten abgezogen. Damit lassen sich die schwachen zeitveränderlichen Signale in den Messdaten hervorheben. Abbildung 5.19 rechts zeigt die Messdaten nach einer Signalverarbeitung mit Hintergrundabzug. Alle statischen Komponenten in den Impulsantworten sind verschwunden und die schwachen Reflektionen vom Ballon sind jetzt deutlich zu erkennen. Von diesen Daten kann man die gesuchte Zeitverzögerung mit Hilfe von Matched-Filtern, von Maximum-Likelihood basierten Methoden oder mit einfacher Maximumsuche schätzen.

Die geschätzte Zeitverzögerung ist mit der Entfernung der Latexballons zur Sende- und Empfangsantenne verknüpft. Für eine gegebene Zeitverzögerung und eine bestimmte räumliche Anordnung von

5 Vorversuche in einer rechteckigen Raumzelle

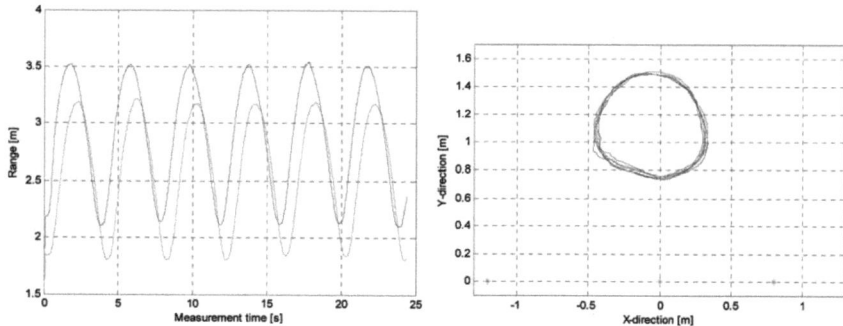

Abbildung 5.20: Links: Entfernungsdaten von den zwei Empfangsantennen. Rechts: gemessene Trajektorie von einem metallisierten Latexballon.

Sende- und Empfangsantenne bestimmt die Zeitverzögerung nicht direkt die Ortskoordinaten des Ballons, beschränkt aber die Aufenthaltswahrscheinlichkeit der Position auf einen Ellipsoid. Das Ellipsoid wird mit folgender Gleichung beschrieben:

$$\frac{(x-x_i)^2}{a_i^2} + \frac{(y-y_i)^2}{b_i^2} + \frac{(c-c_i)^2}{c_i^2} = 1 \qquad (5.14)$$

Hier sind [x, y, z] die unbekannten räumlichen Koordinaten des Ballons, [x_i, y_i, z_i] die gemittelte Koordinaten von der Sende- und Empfangsantenne und [a_i, b_i, c_i] die Halbachsen des Ellipsoids, die von der gemessenen Zeitverzögerung bestimmt werden. Um eine genaue Position vom Ballon berechnen zu können, muss man die Daten von mehreren Antennepaaren zusammenfügen. Diese Datenfusion ist das Ziel des dritten Schritts des Algorithmus. Es gibt mehrere Methoden, wie man ein System elliptischer Gleichungen lösen kann. Für Details wird der Leser auf Sayed et al. [107] hingewiesen.

Für die Testmessung im Ilmenauer Modellraum wurde ein mehrkanaliges UWB-Messgerät (Sounder) benutzt, das in Echtzeit messen kann. Der Sounder (Kmec et al. [108]) wurde an der TU Ilmenau in Zusammenarbeit mit MEODAT GmbH entwickelt und hergestellt. Der Sounder hat zwei Sender und vier Empfänger. Er kann bis 50 Impulsantworten per Sekunde messen. Die Länge der Impulsantwort beträgt 585 ns. Damit lassen sich theoretisch Objekte in einen Raum bis zu 50 m × 50 m × 50 m Größe eindeutig lokalisieren.

Zunächst wurde die Messung mit einer Sende- und zwei Empfangsantenne durchgeführt. Somit lässt sich nur eine 2D-Lokalisierung realisieren. Dafür wurde ein metallisierter Latexballon an einem Faden befestigt und entlang einer horizontalen kreisförmigen Bahn bewegt. Alle drei Antennen wurden in gleichen Höhe im Raum angeordnet.

Aus den gemessenen und verarbeiteten Daten (Abbildung 5.19) wurden Zeitverzögerungen mit einer einfachen Maximumssuche geschätzt, danach interpoliert und mit einem Median-Filter geglättet. Die resultierenden Entfernungskurven für beide Empfangsantennen sind in Abbildung 5.20 links zu sehen. Die Ortskoordinaten wurden von einem Gleichungssystem mit zwei elliptischen Gleichungen bestimmt und das Ergebnis ist als Trajektorie auf Abbildung 5.20 rechts zu sehen.

KAPITEL

6

UNTERSUCHUNGEN IM ILMENAUER FASS

In diesem Kapitel werden der Aufbau des Konvektionsexperiments "Ilmenauer Fass" und die Funktionsweise des hier eingesetzten 3D-PTV-Systems erläutert. Anschließend folgt die Beschreibung der mit dem System durchgeführten Messungen in Konvektionsströmungen bei einem Aspektverhältnis $\Gamma = 2$ und einer Rayleigh-Zahl $Ra = 10^{11}$ unter Verwendung von heliumgefüllten Seifenblasen (HSB) und Latexballons (HLB) als Tracer-Partikel. Danach werden die dabei erzielten Ergebnisse vorgestellt und diskutiert.

6.1 Experimenteller Aufbau

Ziel der vorliegenden Arbeit war die Entwicklung und Anwendung eines 3D-PTV-Systems zur Untersuchung von dreidimensionalen zeitabhängigen Geschwindigkeitsfeldern und Partikeltrajektorien von Konvektionsströmungen in sehr großen Messvolumina. Ein ideales Anwendungsfeld bietet dafür das Rayleigh-Bènard-Experiment der TU Ilmenau [109]. Diese weltweit größte Anlage arbeitet mit Luft als Arbeitsfluid und besteht aus einem zylindrischen Behälter mit einem Innendurchmesser von $D = 7,15$ m. Das sogenannte "Ilmenauer Fass" (IF) (Abbildung 6.1) wird von unten mit einer elektrischen Heizung erwärmt und von oben mit einer Wasserkühlung gekühlt. Adiabatische Seitenwände sorgen dafür, dass die gesamte unten eingetragene Wärmeenergie nur durch Diffusion und Konvektion über das Arbeitsfluid Luft zur Kühlplatte transportiert wird. Die Wärmestrahlung wird dabei vernachlässigt. Der Abstand H zwischen Kühl- (A) und Heizplatte (B) kann zwischen $0,05$ m und $6,30$ m kontinuierlich

6.1 Experimenteller Aufbau

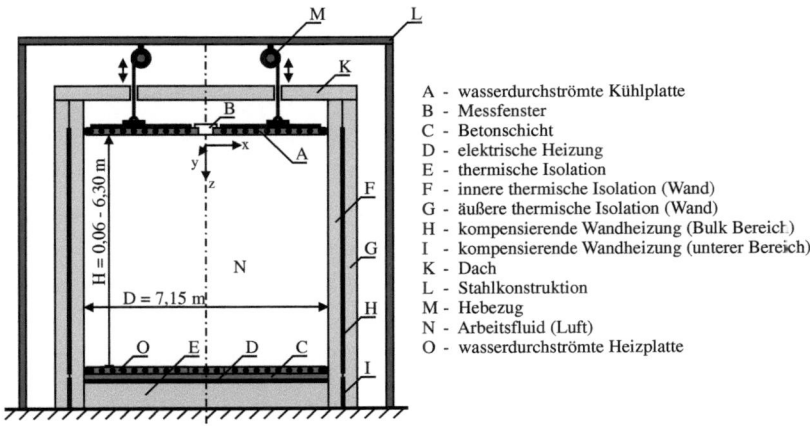

Abbildung 6.1: Das groß-skalige RB-Experiment "Ilmenauer Fass".

verändert werden, weil die Kühlplatte frei beweglich an drei Kettenwinden aufgehängt ist. Heiz- und Kühlplatte sind parallel ausgerichtet, die Abweichung von der horizontalen Lage ist kleiner als $0,1°$. Die Kühlplatte kann jedoch auch bis zu $5°$ geneigt werden, um damit zum Beispiel die Konvektionsströmung in eine bestimmte Richtung zu zwingen. Bei einem Aspektverhältnis von $\Gamma = 1,13$, welches dem maximalen Abstand von Heiz- und Kühlplatte entspricht, beträgt das Volumen $253 \, m^3$. Zwei kreisrunde Fenster, eins am Boden und eins in $3,50 \, m$ Höhe ermöglichen den Zugang zum Messvolumen. Ein weiterer Zugang befindet sich auf dem Dach der Anlage, durch den die Oberseite der Kühlplatte betreten werden kann. Hier befinden sich auch die Arbeits- und Steuerplätze für die Anlage.

Die Kühlplatte ist aus Aluminium gefertigt und besteht aus 16 Segmenten. Jedes Segment ist aus je einer 6 mm dicken Aluminiumplatte an der Ober- und Unterseite und einer dazwischen liegenden Kühlrohrleitung aus Kupfer mit einem Durchmesser von 25 mm aufgebaut. Alle 16 Segmente sind miteinander verschraubt und gemeinsam an einem ringförmigen Stahlgerüst montiert, welches an drei Ketten hängt. Jedes Segment hat einen eignen Vor- und Rücklauf für das Kühlwasser, welche über Volumenstromregler in zwei Ringleitungen am Dach des IF münden. Die gesamte Kühlplatte wird von einem zentralen Kühlsystem mit 13 kW Leistung versorgt. Eine mit einem PID-Regler gesteuerte Pumpe in einem $1 \, m^3$ großen Pufferspeicher gewährleistet eine stabile Plattentemperatur, welche zwischen $15°\, C$ und $25°\, C$ eingestellt werden kann. Kühlplatte und Kühlsystem sind so ausgelegt, dass die räumlichen und zeitlichen Temperaturschwankungen kleiner als $0,1 \, K$ sind. Dies wird von einer Vielzahl von Temperatursensoren kontinuierlich kontrolliert, welche in die Kühlplattenunterseite eingelassen sind.

Der obere Teil der Heizplatte ist ähnlich der Kühlplatte aufgebaut. Sie besteht auch aus zwei Aluminiumplatten mit dazwischenliegenden Kupferrohren. Hier decken 24 Elemente den Boden des IF ab, wobei im Zentrum ein zusätzliches kreisrundes Segment für eine homogene Temperaturverteilung im Mittelpunkt sorgt. Der Unterschied zur Kühlplatte besteht darin, dass die Temperierung nicht direkt durch das in den Kupferrohren strömende Wasser erfolgt, sondern über eine elektrische Heizung im Boden unter der Heizplatte realisiert wird. Die in Spezialestrich eingebettete Heizung besteht aus drei konzentrisch angeordneten Heizspiralen, die separat angesteuert werden können. Die Gesamtleistung beträgt 11 kW. Zwischen Fußboden und Heizplatte ermöglicht eine dünne Silikonmatte eine optimale Wärmeübertragung zur Aluminiumplatte, während eine Isolationsschicht unter den Heizspiralen die Wärmeverluste über das Fundament weitgehend verhindert. Mit der Aluminium-Heizplatte werden zwei wichtige Randbedingungen erfüllt:

1. Die regelbare Wasserströmung im Inneren der Platte ermöglicht eine homogene Temperaturverteilung an deren Oberseite ähnlich der Kühlplatte. Auch hier betragen die räumlichen Temperaturunterschiede nur maximal 0,1 K bei einem Temperaturbereich von 20° C bis 80° C.

2. Die präzise gefertigte Oberfläche mit sehr geringer Rauhigkeit ist Voraussetzung für hochaufgelöste Messungen der Temperatur- und Geschwindigkeitsfelder in der Nähe der Heizplattenoberfläche.

Die Seitenwand des Behälters besteht aus zwei 10 mm starken Platten aus glasfaserverstärkten Verbundmaterial (GFK) mit einer 160 mm dicken PUR-Schaum-Isolation dazwischen. Um jeglichen Wärmestrom durch die Seitenwand auszuschließen, wurde an der Außenwand eine elektrische Kompensationsheizung installiert und mit einer weiteren 120 mm dicken Isolationsschicht abgedeckt. Die Kompensationsheizung besteht aus mehreren Segmenten und wird mittels Temperatursensoren an der Innen- und Außenseite der Wand geregelt. Sind beide Temperaturen gleich, ist der Wärmestrom durch die Wand theoretisch gleich Null. Auf diese Art und Weise beträgt der seitliche Wärmeverlust bei der maximalen Rayleigh-Zahl von $Ra = 10^{12}$ weniger als 1% im Vergleich zum konvektiven Wärmestrom im Inneren der Zelle.

Durch die Variation des Aspektverhältnisses zwischen 1,13 und 100 sowie der Temperaturdifferenz zwischen Heiz- und Kühlplatte lassen sich Rayleigh-Zahlen zwischen 10^6 und 10^{12} einstellen. Mit dem "Ilmenauer Fass" können zwei völlig unterschiedliche Fragestellungen der thermischen Konvektion untersucht werden. Einmal ermöglicht seine enorme Größe die detaillierte Charakterisierung der Temperatur- und Geschwindigkeitsfelder im Wandbereich der Kühl- und Heizplatte mit bisher unerreichter räumlicher Auflösung. Für die Temperatur- und Geschwindigkeitsmessungen an der Kühlplatte mit Mikro-Thermistern und optischer Strömungsmesstechnik (LDA, PIV) stehen zahlreiche Fenster und

6.1 Experimenteller Aufbau

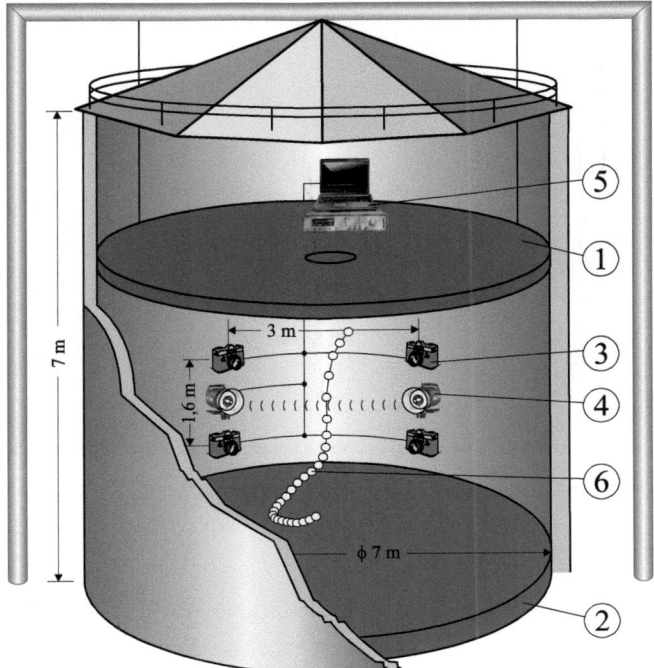

Abbildung 6.2: Aufbau des PTV-Systems im "Ilmenauer Fass". "1" und "2" - Kühl- bzw. Heizplatte der Rayleigh-Bènard-Zelle; "3" - Kamera-System, bestehend aus vier Canon-CMOS-Spiegelreflexkameras; "4" - Beleuchtung, bestehend aus zwei Elinchrom-RX 600-Blitzgeräten; "5" - Steuer- und Speichereinheit und "6" - Tracer-Partikel.

Bohrungen in der Platte zur Verfügung. Zum anderen sind die groß-skaligen thermisch angetriebenen Zirkulationsströmungen im Inneren der Zelle, wo die Temperatur konstant ist, von großem Interesse, weil sie einen signifikanten Einfluss auf den Wärmetransport durch die Zelle haben. Hier ist die Größe der Konvektionszelle IF kein Vorteil und die Charakterisierung der streng turbulenten Strömung eine echte Herausforderung an die Strömungsmesstechnik. Mit der Applikation des im Rahmen dieser Arbeit entwickelten 3D-PTV-Systems für sehr große Messvolumina ist es nun erstmals möglich, im IF Eigenschaften der groß-skaligen Zirkulationsströmungen detailliert zu untersuchen.

Der Aufbau des PTV-Systems im IF ist ähnlich wie im IM (siehe auch Abschnitt 5.1). Die Kameras sind am Zylindermantel montiert, jeweils zwei oben und zwei unten. Die Kameraabstände betragen in der Horizontalen 3 m und in der Vertikalen 1,57 m. Die Blitzlampen sind jeweils mittig zwischen den oberen und unteren Kameras montiert. Den grundlegenden Aufbau zeigt Abbildung 6.2.

6 Untersuchungen im Ilmenauer Fass

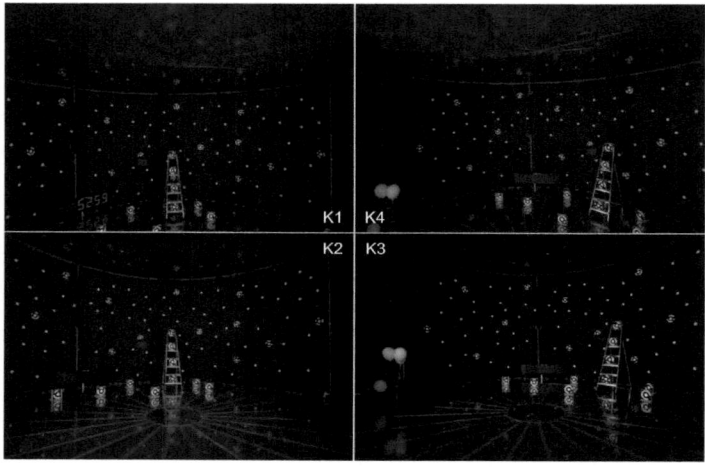

Abbildung 6.3: Aufnahmen eines Passpunktfeldes im IF mit Kamera K1 bis K4.

6.1.1 Kamerakalibrierung

Die Kamerakalibrierung wurde wie in Abschnitt 4.4 beschrieben durchgeführt. Dazu wurde an der Wand, auf dem Fußboden und in dem Volumen ein Passpunktfeld eingerichtet (Abbildung 6.3). Die Objektkoordinaten der 120 teilweise codierten Punkte wurden mit übergeordneter Genauigkeit photogrammmetrisch bestimmt. Die potentielle Genauigkeit beträgt 0,3 mm für die Lagekoordinaten und 0,5 mm für die Tiefenkoordinate.

6.2 Messung von groß-skaligen Zirkulationen mit heliumgefüllten Seifenblasen

Zunächst wurden im IF Messungen mit heliumgefüllte Seifenblasen (HSB) durchgeführt. Bei dieser Messung betrug das Aspektverhältnis $\Gamma = 2$ und der Temperaturunterschied $\Delta T = 40$ K, welcher einer Rayleigh-Zahl von Ra = $1,3 \times 10^{11}$ entspricht.

Infolge der thermischen Ausdehnung der einzelnen Wandsegmente des IF veränderte sich mit der Zeit die Lage der optischen Achsen der Kameras. Dadurch kam es zu Abweichungen von den anfänglichen Kalibrierdatensatz, welche zu einer großen Anzahl von Mehrdeutigkeiten bei der Rekonstruktion der Bildpunkte führte. Bei einer mäßigen Partikeldichte wurde eine Sequenz von 20 Epochen ausgewertet. Mit dem in Kapitel 4 beschriebenen Ansatz konnten aus 15% der segmentierten Partikel im Bildraum sichere Trajektorien bestimmt werden (Abb. 5.2.1 links). Ein Großteil der Mehrdeutigkeiten konnte

6.3 Messung von groß-skaligen Zirkulationen mit heliumgefüllten Latexballons

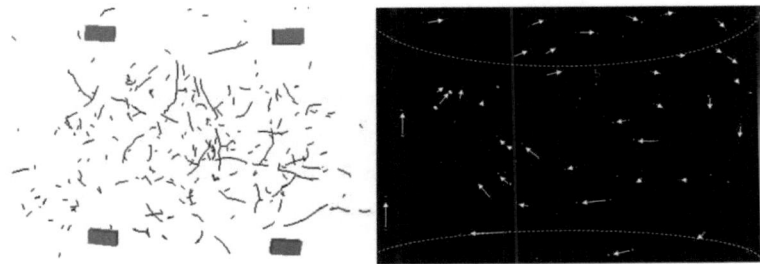

Abbildung 6.4: Beispiel der Visualisierung der Strömung im "Ilmenauer Faß" mit Verwendung von heliumgefüllten Seifenblasen. Links: Mittels 3D-PTV rekonstruierte Trajektorien der HSB. Die vier Rechtecke stellen die Kameras dar. Rechts: Die Kreuzkorrelation von zwei Momentaufnahmen von einer Kamera zeigt deutlich die am meisten vorkommende Mode: große Walze.

jedoch nicht gelöst werden. Die Verwendung eines einfachen 4-Frame-Trackingalgorithmus erzeugte sehr viele Geistertrajektorien. Es war visuell nicht möglich, auch nur eine "richtige" Trajektorie sicher aus allen vorhandenen auszuwählen.

Trotz der beschriebenen Rekonstruktionsprobleme zeigt die Kreuzkorrelation von zwei Bildern einer Kamera, dass die Konzentration und Sichtbarkeit der Partikel völlig ausreichend für die zweidimensionale Rekonstruktion der am häufigsten vorkommenden Strömungsstruktur in Form einer einzelnen großen Walze ist (Abb. 5.2.1 rechts).

6.3 Messung von groß-skaligen Zirkulationen mit heliumgefüllten Latexballons

Die Messungen mit heliumgefüllten Latexballons (HLB) wurden bei Aspektverhältnis $\Gamma = 2$ und zwei verschiedenen Temperaturunterschieden $\Delta T = 20$ K und $\Delta T = 40$ K, welche Rayleigh-Zahlen von Ra = $7,5 \times 10^{10}$ bzw. Ra = $1,3 \times 10^{11}$ entsprechen, durchgeführt. Bei diesem Aspektverhältnis hat die zylindrische Konvektionszelle einen Durchmesser von 7,15 m und eine Höhe von 3,58 m. Weitere veränderliche Größen sind die Aufnahmefrequenz von 1 oder 2 Hz und die Anzahl der aufgenommenen HLB, die zwischen 4 und 8 variiert. Es wurden dabei 12 Messreihen mit über 90000 Einzelbildern aufgenommen, wovon 76032 Bilder ausgewertet werden konnten. Bei einem vierteiligen Kamerasystem entspricht dies einem Wert von 19008 detektierten Einzelepochen.

Um diese große Datenmenge ansprechend analysieren und visualisieren zu können, wurden alle Messreihen mit denselben Rahmenbedingungen (Γ, Ra, Aufnahmefrequenz) zu einer Messreihe zusammengefasst. Als Resultat wurden aus zwölf einzelnen vier zusammengefasste Messreihen, welche im Folgenden als Grundlage für weitere Analysen dienten. Im nächsten Schritt wurden Geschwindigkeitszeitreihen erstellt, welche Auskünfte über v_x-, v_y- und v_z- Geschwindigkeitsfluktuationen lieferten und Anhaltspunkte über die Abhängigkeit der Geschwindigkeit von der Rayleigh-Zahl geben. Darauffolgend wurden Histogramme und PDF[1] erstellt, um Aussagen über das Verhalten der groß-skaligen Strömungsstrukturen zu erhalten. Anschließend wurde mit Hilfe der Autokorrelationsfunktion und des Leistungsdichtespektrums die zeitliche Korrelation der Strukturen untersucht.

Die nachfolgenden Bilder stellen zwei zusammengefasste Messreihen mit unterschiedlichen Rahmenbedingungen dar. Das Aspektverhältnis für beide Messreihen beträgt $\Gamma = 2$. Messreihe (1) (Abb. 6.5) wurde bei Ra = $7,5 \times 10^{10}$ durchgeführt. Die Anzahl der verwendeten Partikel entspricht 8 Latexballons. Die Aufnahmefrequenz betrug 1 Hz und es wurden dabei 3469 Epochen aufgenommen, was einer Messzeit von 3469 s entspricht. Es wurde eine mittlere Geschwindigkeit von 0,25 m/s errechnet und die maximale Geschwindigkeit reicht bis 0,5 m/s. Die Rayleigh-Zahl der Messreihe (2) (Abb. 6.6) beträgt Ra = $1,3 \times 10^{11}$. Es wurden 5316 Epochen mit 4 Latexballons und einer Aufnahmefrequenz von 2 Hz aufgenommen. Die mittlere Geschwindigkeit aus dieser Messreihe beträgt 0,35 m/s und die maximale Geschwindigkeit reicht bis 0,6 m/s.

Die Tracer-Partikel werden immer an der selben Stelle zugeführt und man kann feststellen, dass innerhalb von kurzer Zeit die Trajektorien von nur vier Partikeln das gesamte Messvolumen ausfüllen. Die qualitative Analyse aller rekonstruierten Partikeltrajektorien zeigt eine scheinbar ungeordnete Strömung in der Konvektionszelle. Aber insbesondere in der Messreihe (2) (Abb. 6.6) ist eine Walzenstruktur mit einer Vorzugsrichtung zu erkennen. Weitere Strukturen werden im Abschnitt 6.3.1 ausführlich beschrieben.

Durch das trotz Weitwinkelobjektive beschränkte Blickfeld der Kameras bleibt ein Teil des Messvolumens unbeobachtet (siehe Abb. 6.5 und 6.6 unten). Das führt auch noch dazu, dass die Trajektorien der Partikel unterbrochen werden. Diese Limitierung entstand anfangs infolge der Bedingung, dass ein Partikel von mindestens drei Kameras erfasst werden sollte, damit seine 3D-Koordinaten rekonstruiert werden können. Allerdings ist diese Bedingung nur notwendig, um Mehrdeutigkeiten bei hoher Partikelkonzentration auszuschließen. Deshalb konnte in spätere Messungen durch Veränderung der Kamerablickrichtung das erfasste Messvolumen erhöht werden, indem die 3D-Koordinaten eines Partikels bestimmt werden, wenn es von mindestens zwei Kameras aufgenommen wurde. Abbildung 6.7 zeigt einen Vergleich der beiden Fälle. Das erfasste Messvolumen wurde so von 67% auf 86% des Gesamtvolumens der Konvektionszelle erhöht. Weiterhin konnte mit der verbesserten Kameraanordnung auch die Länge der rekonstruierten Trajektorien erhöht werden.

---

[1] probability density function (engl.) - Wahrscheinlichkeitsdichtefunktion

6.3 Messung von groß-skaligen Zirkulationen mit heliumgefüllten Latexballons

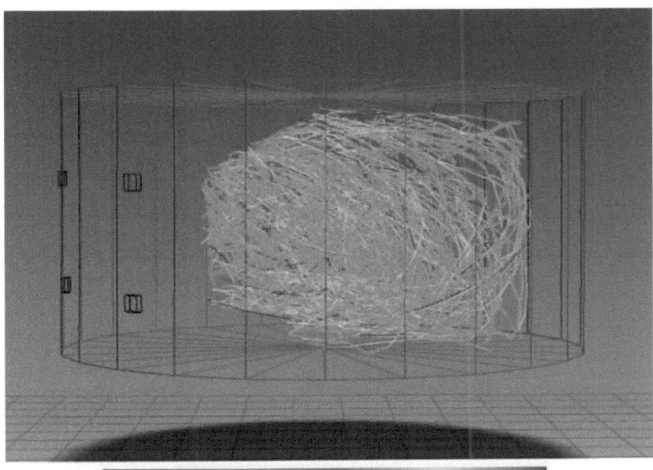

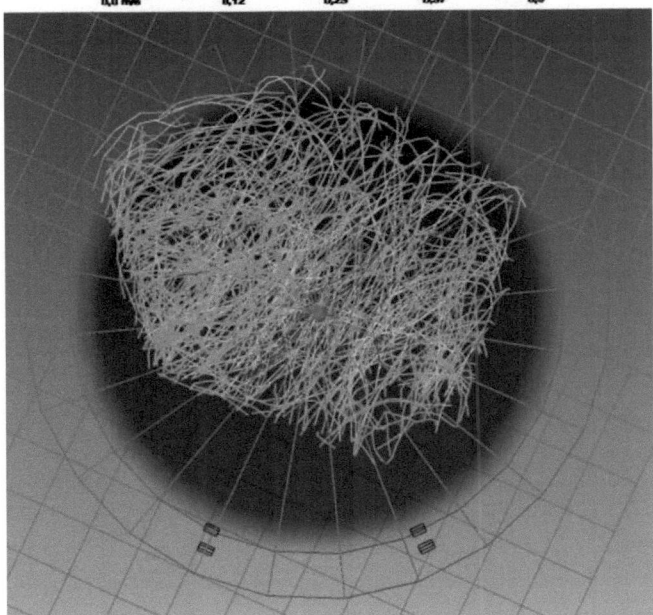

Abbildung 6.5: 3D-Ansicht der Messreihe (1) bei Ra = $7,5 \times 10^{10}$. Die Aufnahmefrequenz beträgt 1 Hz und die Messreihe besteht aus 3469 Epochen. Die verwendete Tracer-Anzahl beträgt 8 Latexballons. Der graue Zylinder stellt das IF dar und die Kameras werden durch die vier roten Rechtecke an der IF-Wand symbolisiert. Das Bild oben zeigt die Seitenansicht und das Bild unten die Ansicht von oben.

6 Untersuchungen im Ilmenauer Fass

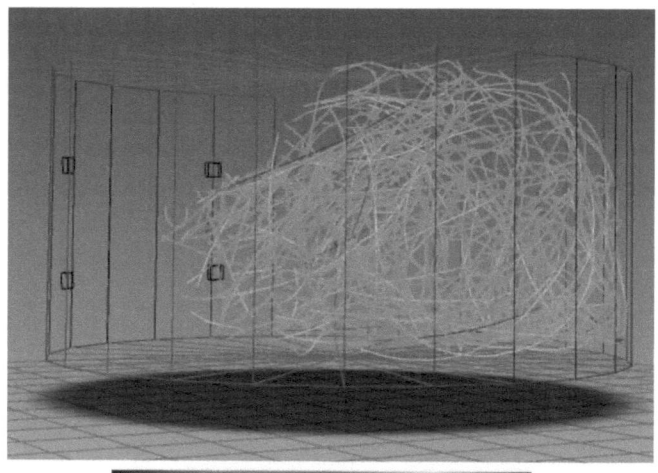

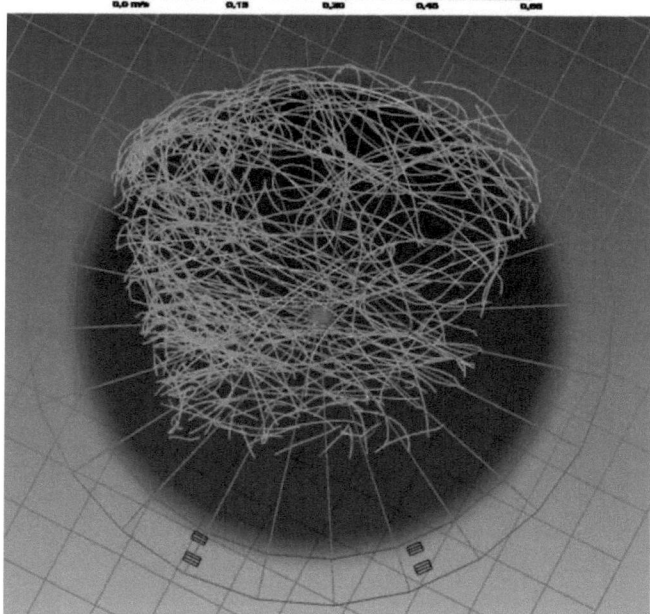

Abbildung 6.6: 3D-Ansicht der Messreihe (2) bei Ra = $1,3 \times 10^{11}$. Die Aufnahmefrequenz beträgt 2 Hz und die Messreihe besteht aus 5316 Epochen. Die verwendete Tracer-Anzahl beträgt 4 Latexballons. Der graue Zylinder stellt das IF dar und die Kameras werden durch die vier roten Rechtecke an der IF-Wand symbolisiert. Das Bild oben zeigt die Seitenansicht und das Bild unten die Ansicht von oben.

6.3 Messung von groß-skaligen Zirkulationen mit heliumgefüllten Latexballons

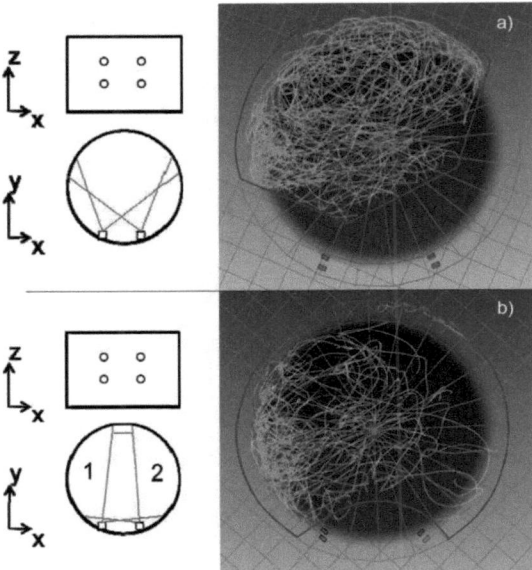

Abbildung 6.7: Volumenabdeckung vor und nach der Veränderung der Kameraanordnung. a) Kameras sind so platziert, dass ein möglichst großes Volumen gleichzeitig von vier Kameras erfasst wird. Diese Anordnung sollte bei der Anwendung von Seifenblasen als Tracer-Partikel verwendet werden. b) Kameras sind so platziert, dass ein möglichst großes Volumen von mindestens zwei Kameras erfasst wird. Dies wird beim Einsatz von Latexballons empfohlen.

6.3.1 Räumliche Struktur bei $\Gamma = 2$

Anhand langzeitiger visueller Beobachtungen der Bewegung von HLB wurden in Abbildung 6.3 die meist vorkommenden Moden der groß-skaligen Zirkulation im IF bei $\Gamma = 2$ zusammengefasst. Um die Existenz diesen Moden nachzuweisen, wurden aus den in Abbildungen 6.5 und 6.6 dargestellten Trajektorien beispielhafte Exemplare extrahiert.

Abbildung 6.9 a zeigt mehrere Trajektorien in Form von einer großen Einzelwalze in der Querschnittsfläche ($y - z-$ Ebene) des IF (Mode 1). Wir sehen die Bahnkurve von drei Ballons in 60 Zeitschritten, welche einer Beobachtungszeit von 60 s entsprechen. Die aus der Bahnkurve abgeleitete Geschwindigkeit variiert zwischen 0,06 und 0,6 m/s. Die Umlaufzeit eines Partikels dieser Mode beträgt 40 bis 60 s und stimmt so gut mit der Periodendauer der Zirkulationsströmung überein, die aus Autokorrelationsfunktionen von lokalen Geschwindigkeits- und Temperatursignalen ermittelt wurde [23] (Abb. 6.16).

6 Untersuchungen im Ilmenauer Fass

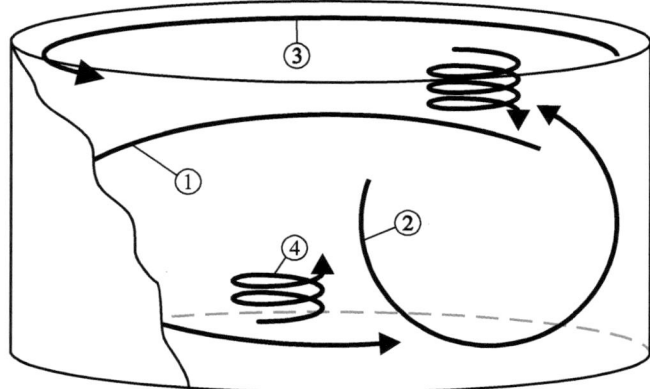

Abbildung 6.8: Zusammenfassung der im IF vorkommenden Strömungsmoden. Die Zeichnung basiert auf langzeitige visuelle Beobachtungen der Bewegung von heliumgefüllten Latexballons. Mode 1 - große Einzelwalze und Mode 2 - kleine Einzelwalze. Beobachtet wurde auch eine azimutale Strömung (Mode 3) unter der Kühlplatte bzw. über der Heizplatte. Mode 4 ist eine neue Struktur, die "Tornado" genannt wird.

Der Durchmesser der kreisförmigen Strömungsstruktur beträgt 6 m und ist damit etwas kleiner als der Durchmesser des IF. Man könnte meinen, diese Strömungsstruktur sei zweidimensional. Wenn wir aber Abbildung 6.9 b) ansehen, welche die Draufsicht ($x - y-$ Ebene) dieser Struktur zeigt, erkennen wir eine ausgeprägte dritte Strömungskomponente. Dieses Ergebnis bestätigt unsere Vermutung über die Dreidimensionalität der Strömungsstrukturen. Wenn man die Draufsicht der beiden Trajektorien vergleicht, erkennt man eine ähnliche Orientierung im Raum, aber eine horizontale Verschiebung in $x-$Richtung. Diese räumliche Verschiebung der Zirkulationsströmung wird auch in der Wasser-RB-Zelle von Zhou et al. [110] bei $\Gamma = 1$ gefunden.

Im Gegensatz zum stabilen Verhalten der großen Einzelwalze (GW) bei $\Gamma = 1$, welches wir aus früheren Grenzschichtmessungen kennen, hat die GW-Mode bei $\Gamma = 2$ keine reguläre elliptische Bahnkurve, füllt nicht den gesamten Querschnitt der Konvektionszelle aus und tendiert zu einer Strukturänderung in eine andere Zirkulationsströmung. Wir sehen einen solchen Übergang von GW-Mode zu einer kleinen Einzelwalze (KW) entlang einer Trajektorie in Abbildung 6.10 a, welcher das instabile Verhalten der Zirkulationsströmung verdeutlicht. Wenn man auf die Draufsicht der Trajektorien in Abbildung 6.10 b schaut, erkennt man eine dritte Strömungskomponente senkrecht zur Ebene der KW-Mode. Mit einer Umlaufzeit von 30 s hat die KW-Mode einen Durchmesser von 2 m. Die KW-Strömung ist immer asymmetrisch in der linken oder rechten Hälfte der Konvektionszelle lokalisiert. Wie in Abbildung 6.10 zu sehen ist, scheint eine Überlagerung von zwei KW-Strukturen zu einer symmetrischen Zirkulations-

6.3 Messung von groß-skaligen Zirkulationen mit heliumgefüllten Latexballons

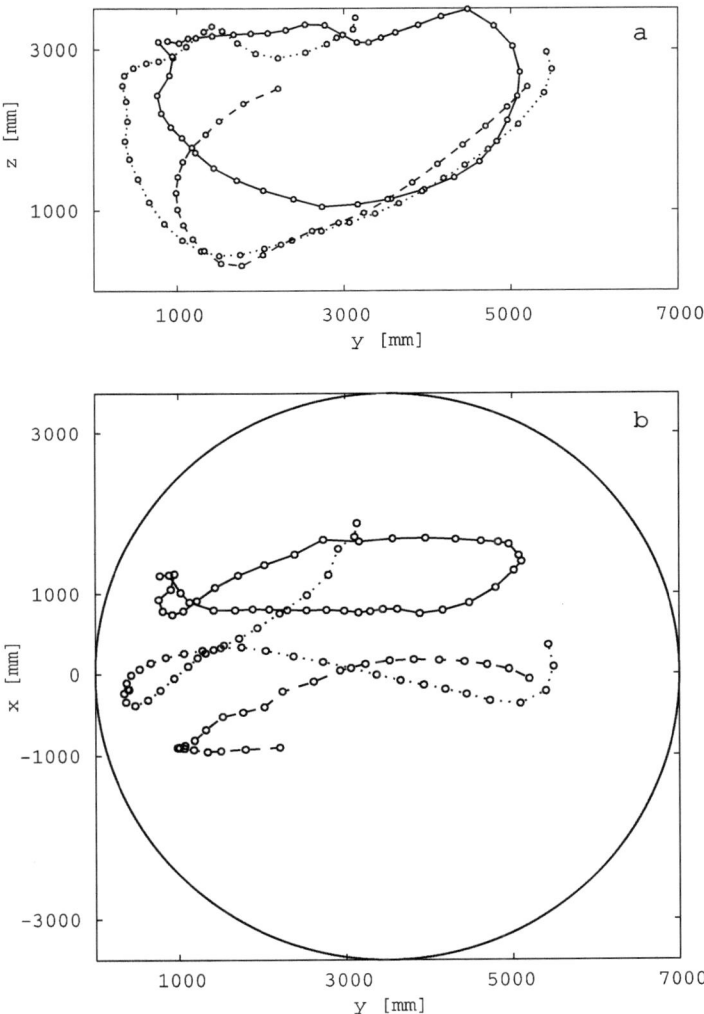

Abbildung 6.9: 2D-Darstellung von drei rekonstruierten Ballontrajektorien in Form einer großen Walze bei $\Gamma = 2$ und $Ra = 1{,}3 \times 10^{11}$. a) Frontansicht: Jeder Punkt entspricht einem Zeitschritt von 1 s. b) Draufsicht: Der große Kreis stellt den Umriss des IF dar.

6 Untersuchungen im Ilmenauer Fass

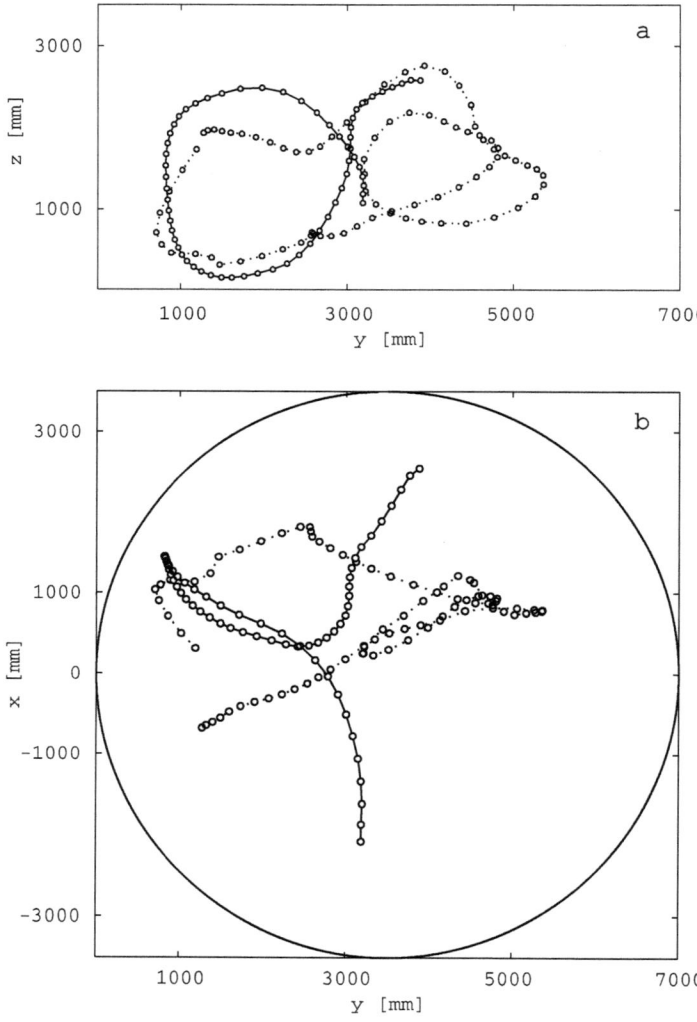

Abbildung 6.10: 2D-Darstellung von drei rekonstruierten Ballontrajektorien in Form einer kleinen Walze bei Aspektverhältnis $\Gamma = 2$ und $Ra = 1{,}3\times 10^{11}$. a) Frontansicht: Jeder Punkt entspricht einem Zeitschritt von 1 s. b) Draufsicht: Der große Kreis stellt den Umriss des IF dar.

6.3 Messung von groß-skaligen Zirkulationen mit heliumgefüllten Latexballons

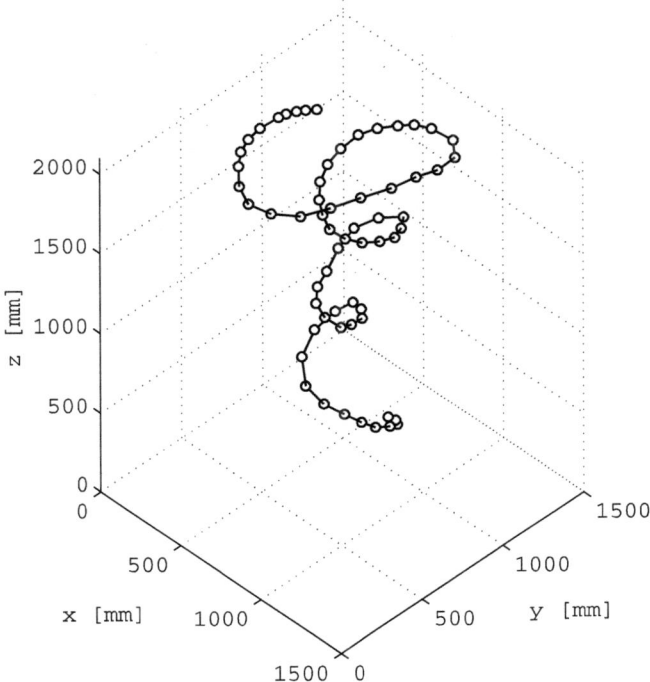

Abbildung 6.11: Dreidimensionale spiralförmige Ballontrajektorie. Dieser "Tornado" zeigt die Ablösung von thermischen Plumes mit zusätzlichem Drall.

strömung aus zwei KW-Moden auch möglich zu sein.

Außerdem wurde bei den Untersuchungen der groß-skaligen Strömungsstrukturen in thermischer Konvektion eine neue Formation gefunden, wie in Abbildung 6.11 zu sehen ist. Wir bezeichnen diese kleine Strömungsstruktur "Tornado", weil diese Trajektorie auf einer Helix senkrecht zur Kühl- oder Heizplatte der Konvektionszelle liegt (Boden und Decke des IF). Diese bisher noch nicht bekannte Strömungsstruktur wird mit den sogenannten thermischen Plumes in Verbindung gebracht, die bei ihrer Ablösung von der Heiz- und Kühlplatte einen zusätzlichen Drehimpuls erhalten. Diese Struktur hat zunächst einen Durchmesser von ca. 1 m, der sich aber mit zunehmenden Wandabstand verringert.

6.3.2 Statistische Analyse von Lagrangeschen Trajektorien

Aus den rekonstruierten Partikeltrajektorien lassen sich nicht nur Strukturmoden der Zirkulationsströmung ableiten, sondern auch die Partikelgeschwindigkeit und Beschleunigung für alle drei Raumrich-

6 Untersuchungen im Ilmenauer Fass

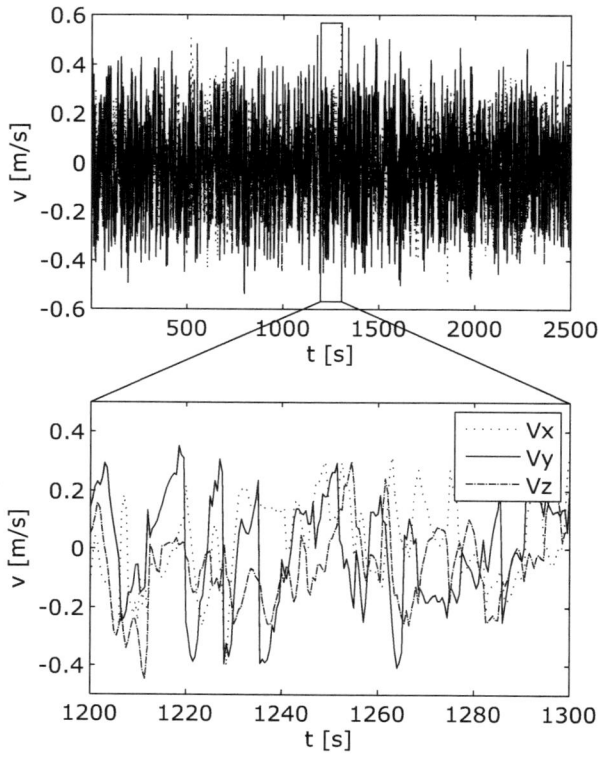

Abbildung 6.12: Zeitreihen der drei Geschwindigkeitskomponenten der groß-skalige Zirkulationen im IF, gewonnen durch 3D-PTV-Rekonstruktion mit Latexballons als Tracer-Partikel.

tungen. Daraus können wir wichtige Eigenschaften von turbulenten Geschwindigkeitsfeldern in thermischer Konvektion ableiten. Die Messung und Auswertung von Langrangeschen Langzeit-Trajektorien mittels heliumgefüllter Latexballons erfordern aufgrund der großen Zeitkonstanten im IF sehr lange Aufnahmezeiten und soll in zukünftigen Arbeiten systematisch durchgeführt werden. Die folgenden Beispiele der Geschwindigkeitszeitreihen und Wahrscheinlichkeitsdichtefunktionen (PDF) basieren deshalb nur auf ersten vorläufigen Daten und sollen das Potential der entwickelten 3D-PTV-Technik mit ihren statistischen Auswertemöglichkeiten zeigen.

Abbildung 6.12 zeigt die Zeitreihen der Fluktuationen der drei Geschwindigkeitskomponenten der groß-skaligen Zirkulationsströmung im IF, die aus den 3D-PTV-Daten der Ballons gewonnen wurden. Die

6.3 Messung von groß-skaligen Zirkulationen mit heliumgefüllten Latexballons

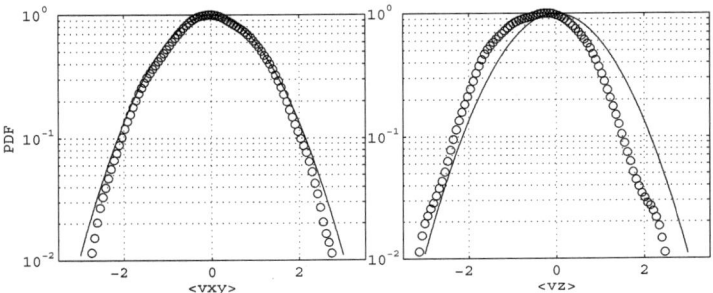

Abbildung 6.13: PDF der Geschwindigkeitsfluktuationen der groß-skaligen Zirkulationen im IF in horizontaler (links) und vertikaler (rechts) Richtung. Die durchgezogene Linie entspricht der Normalverteilung.

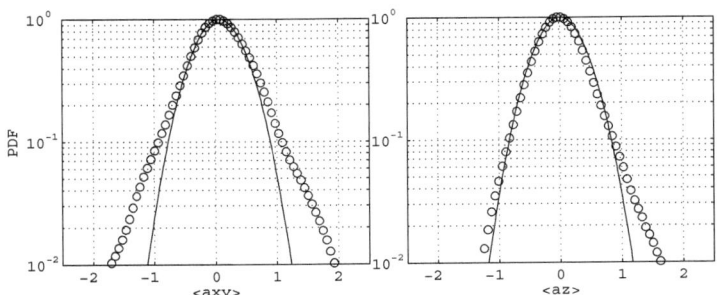

Abbildung 6.14: PDF der Beschleunigungsfluktuationen der groß-skaligen Zirkulationen im IF in horizontaler (links) und vertikaler (rechts) Richtung. Die durchgezogene Linie entspricht der Normalverteilung.

Geschwindigkeit wurde aus den rekonstruierten Langrangeschen Trajektorien der Ballons über einen Zeitraum von 2500 s und einem Bildabstand von 1 s berechnet. Die Zeitreihen zeigen das typische Verhalten einer turbulenten Strömung mit stochastischen Schwankungen. In der zeitliche Dehnung eines Teils einer Zeitreihe werden charakteristische Zeitmaße mit der Größenordnung 10, 20 und 40 s sichtbar, die mit den Umlaufzeiten der diskutierten Strukturmoden Tornado, KW und GW der groß-skaligen Zirkulationsströmung gut korrespondieren.

Aus den Geschwindigkeitsdaten wurden die PDF für die Geschwindigkeit und die Beschleunigung in horizontaler und vertikaler Richtung berechnet (Abbildungen 6.13 und 6.14). Dafür wurden die Histogramme berechnet, durch einen Tiefpassfilter geglättet, normiert und in einem semi-logarithmischen

Diagramm (Kreise) dargestellt. Nachfolgend wurde die Gauß-Funktion 6.1 in dasselbe Diagramm (durchgezogene Linie) gelegt und nach der Qualität der Einpassung bewertet. Für die Geschwindigkeit setzen wir $\mu = 0$ und $\sigma = 1$ und für die Beschleunigung $\mu = 0,3$ und $\sigma = 1$ in

$$f_G(x) = \frac{1}{\sqrt{2\pi \cdot \sigma}} \cdot e^{-\frac{1}{2}(\frac{x-\mu}{\sigma})^2} \qquad (6.1)$$

ein.

Die horizontale und vertikale Verteilung der Geschwindigkeitsfluktuationen (Abb. 6.13) stimmen gut mit einer Gauß-Verteilung überein. Dies zeigt, dass auch die kohärenten groß-skaligen Zirkulation in der thermischen Konvektion turbulenten Charakter haben und dass die als Tracer-Partikel verwendeten heliumgefüllten Latexballons diesen Zirkulationsströmungen ausreichend gut folgen. Die geringe Verschiebung der vertikalen Geschwindigkeitsverteilung ist Ergebnis des begrenzten Blickfeldes der PTV-Kameras, wodurch mehr fallenden als steigende Ballons aufgezeichnet wurden.

Wenn man nun die Beschleunigungsfluktuationen in horizontaler und vertikaler Richtung analysiert (Abb. 6.14), zeigen die PDF keine Normalverteilung. Dieses Verhalten ist typisch für isotrope Turbulenz [111]. Für die Ausläufer der Verteilungskurve, insbesondere im horizontalen Fall, sind große abrupt auftretende Beschleunigungswerte verantwortlich, die in hochturbulenten Strömungen auch als Intermittenz bezeichnet werden. Erstaunlicherweise konnte diese Intermittenz auch schon in den vorläufigen PTV-Daten der groß-skaligen Zirkulationsströmung in thermischer Konvektion nachgewiesen werden.

Um eine detaillierte Aussage über die zeitlichen Korrelationen des Geschwindigkeitsfeldes zu erhalten, wurde die Autokorrelationsfunktion (AKF) auf die Geschwindigkeitszeitreihen angewendet. Dafür wird der Abtastwert eines Signals zum Zeitpunkt t mit dem Abtastwert desselben Signals nach der Zeitverzögerung τ verglichen. Die AKF ist definiert als:

$$\Phi_{xx}(\tau) = \lim_{k \to \infty} \frac{1}{K} \sum_{i=1}^{K} x_i(t) x_i(t+\tau), \qquad (6.2)$$

wo $x_i(t)$ der Zeitsignal, τ die Zeitverschiebung und K der Zeitfenster sind. Die Fourier-Transformation ermöglicht es, die in einem Zeitsignal enthaltenen Frequenzen zu ermitteln. Über die Fourier-Transformation einer zeitabhängigen Funktion $f(t)$ kann das Frequenzspektrum (PSD) $P(f)$ ermittelt werden:

$$P(f) = \int_{-\infty}^{+\infty} f(t) e^{-j\omega t} dt. \qquad (6.3)$$

In Abbildungen 6.15 und 6.16 sind die AKF und PSD der waagerechten und senkrechten Geschwindigkeitskomponenten für zwei Messreihen dargestellt. Messreihe 1 (Abb. 6.15 b) mit 3469 Epochen (entspricht 3469 s) und 8 Ballons weist eine zeitliche Periodizität mit der Periodendauer von $\tau_{z1} = 20$ s auf. Diese Zeit ist charakteristisch für eine kleine Walze als Strömungsstruktur. Messreihe 2 (Abb.

6.3 Messung von groß-skaligen Zirkulationen mit heliumgefüllten Latexballons

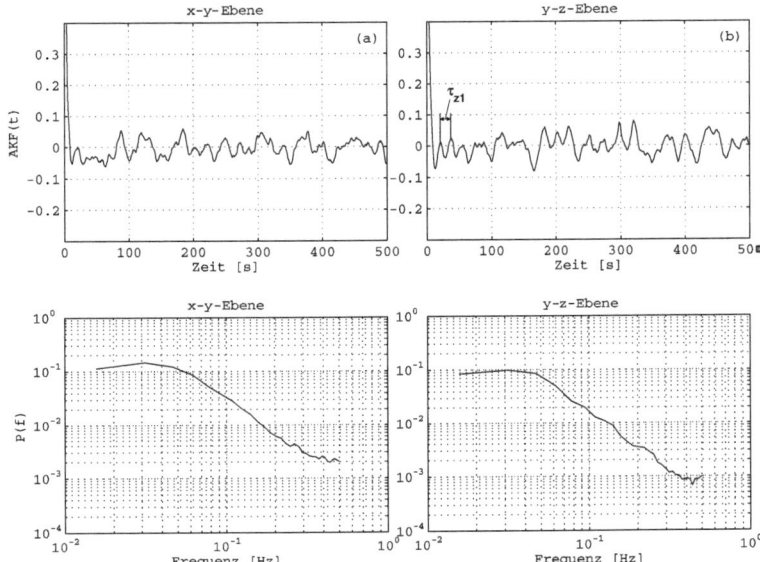

Abbildung 6.15: AKF und PSD für die horizontalen (a) und vertikalen (b) Geschwindigkeitsfluktuationen, gemessen bei Ra = $7,5 \times 10^{10}$. Die zeitliche Korrelation mit Periodendauer τ_{z1} = 20 s weist auf eine kleine Walze als Strömungsstruktur hin.

6.16 b) mit 3591 Epochen (entspricht 3591 s) und 4 Ballons weist dagegen eine zeitliche Periodizität mit einem Periodendauer von τ_{z2} = 40 s auf. Diese Zeit ist charakteristisch für eine große Walze als Strömungsstruktur. Aus dem Vergleich der AKF in horizontaler und vertikaler Richtung wird deutlich, dass die vertikalen Geschwindigkeitsfluktuationen mehr zeitlich korreliert sind als die horizontalen.

Die unterschiedlichen charakteristischen Zeiten in den Messreihen bei gleichen Ra und Γ bestätigen den instabilen Charakter der groß-skaligen Zirkulationsströmung, der sich in einem zufälligen Übergang von KW-Mode zum GW-Mode äußert.

Die Spektren zeigen den für turbulente Strömungen typischen Verlauf der Wirbelkaskade. Allerdings werden hier aufgrund der geringen Aufnahmefrequenz nur große Wirbel mit charakteristischen Frequenzen größer als 0,5 Hz erfasst. Wegen der relativ kurzen Aufnahmezeit können wir auch die charakteristische Frequenz für die große Walze nicht gut auflösen.

6.3.3 Vergleich mit Stereo-PIV-Daten

Im Ilmenauer Fass (IF) wurden bei Γ = 2 in der halben vertikalen Querschnittsfläche Stereo-PIV-Messungen mit heliumgefüllten Seifenblasen als Tracer-Partikel durchgeführt [55]. Dabei wurden zwei

6 Untersuchungen im Ilmenauer Fass

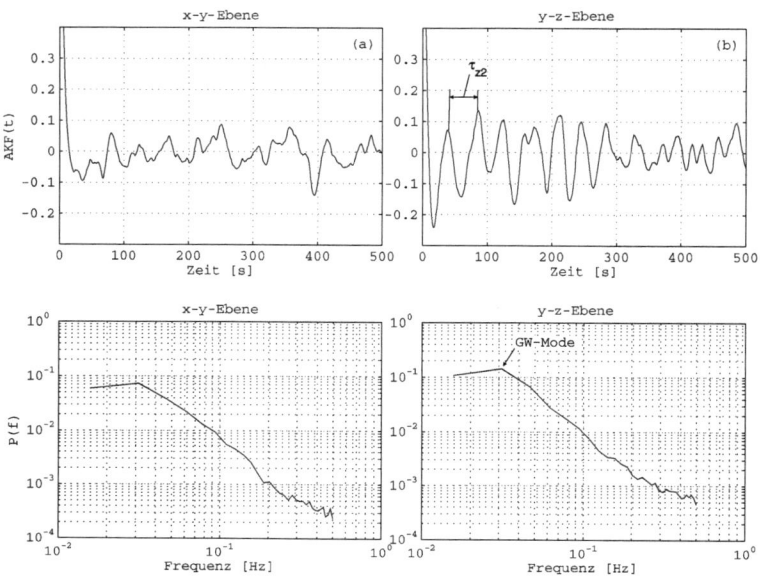

Abbildung 6.16: AKF und PSD für die horizontalen (a) und vertikalen (b) Geschwindigkeitsfluktuationen, gemessen bei Ra = $7,5 \times 10^{10}$. Die zeitliche Korrelation mit Periodendauer τ_{z1} = 40 s weist auf eine große Walze als Strömungsstruktur hin.

PIV-Kameras unter einen bestimmten Blickwinkel an die Innenwände der Konvektionszelle montiert und von außen ein Laserlichtschnitt mit der Fläche von 4 m × 3,5 m projiziert. Exemplarische 2D-Vektorplots aus ca. 20 Minuten Messzeit, verteilt auf zwei Messtage zeigen in 6.17 oben zwei großskalige Zirkulationsströmungen mit dem GW-Mode (a) und KW-Mode (b). Man beachte, dass die Grafik nur die Hälfte der Querschnittsfläche der Zelle zeigt: linker Rand entspricht der Mitte, rechter Rand entspricht der Außenwand, oberer Rand entspricht der Kühlplatte, unterer Rand entspricht der Heizplatte. Die Farbcodierung in den oberen Diagrammen entspricht dem Betrag der Strömungsgeschwindigkeit in der Ebene. In den beiden unteren Diagrammen der Abbildung 6.17 stellt die Farbcodierung dagegen die 3. Komponente des Strömungsfeldes senkrecht zur Lichtschnittebene und die schwarzen Pfeile das Feld in der Ebene dar. Während in diesen beiden Sequenzen die Strömung in der Ebene nahezu ruht, finden wir eine starke Strömung parallel zur Wand oberhalb der Heizplatte und unterhalb der Kühlplatte, deren Richtung sich auch umkehren kann (Abb. 6.17 unten, c und d).

Diese Moden wurden als azimutale Strömung, ebenso wie oben genannten GW- und KW-Moden, durch die 3D-PTV-Messungen dieser Arbeit bestätigt. Dies gilt auch für deren instabiles Verhalten mit mittle-

6.3 Messung von groß-skaligen Zirkulationen mit heliumgefüllten Latexballons

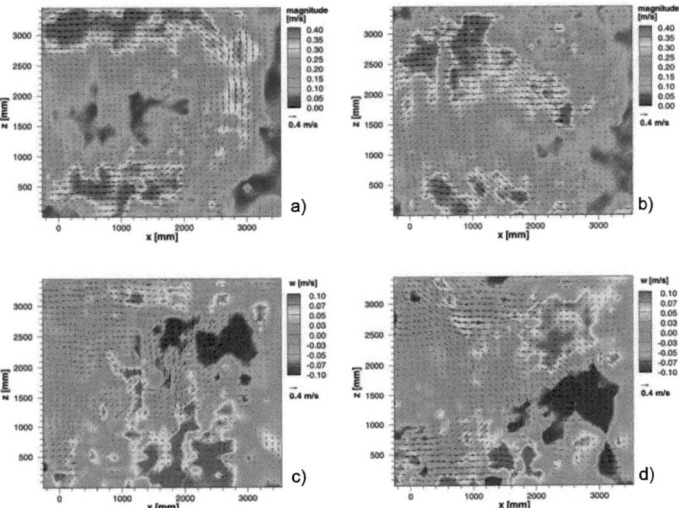

Abbildung 6.17: Stereo-PIV-Aufnahmen der groß-skaligen Zirkulationen bei $\Gamma = 2$ in der halben Querschnittsfläche des IF [55].

ren Lebensdauern von 10 bis 20 Minuten.

6.3.4 Fehlerbetrachtung

Die erreichbare Genauigkeit ist ein wesentliches Kriterium für die Nutzbarkeit und Akzeptanz eines photogrammetrischen oder optischen 3D-Messsystems. Im Gegensatz zu anderen Kenngrößen eines Systems wie technische Ausführung, Messzeiten, Bedienerfreundlichkeit, Flexibilität usw. liegt mit der Messgenauigkeit eine einzige quantitative Größe vor, die zur Beurteilung des Messsystems herangezogen werden kann.

Die traditionelle photogrammetrische oder geodätische Betrachtungsweise der erreichten Messgenauigkeiten basiert auf inneren numerischen oder statistischen Kenngrößen wie der Standardabweichung der Gewichtseinheit oder der Standardabweichung der einzelnen berechneten Punktkoordinaten. Sie spiegeln jedoch lediglich die numerische Genauigkeit wieder, mit der das eingegebene mathematische Modell die tatsächlich beobachteten Messwerte auf die gesuchten Unbekannten abbildet. Diese Vorgehensweise prüft zwar durchgreifend die innere Genauigkeit und Zuverlässigkeit, nicht aber die tatsächlich im Objektraum erreichte Messunsicherheit im Bezug zu übergeordnet genau gegebenen Referenzen. Tabelle 6.1 stellt die potentielle Genauigkeit der Lage- bzw. Tiefenkomponente des PTV-Systems im Il-

6 Untersuchungen im Ilmenauer Fass

Genauigkeit	Ilmenauer Fass	Ilmenauer Modelraum
Lagekomponente	0,3 mm	0,14 mm
Tiefenkomponente	0,5 mm	0,15 mm

Tabelle 6.1: Potentielle Genauigkeiten des PTV-Systems.

Position	Istwert [mm]	Abweichung [mm]
1	-	-
2	49,2	0,8
3	52,1	-2,1
4	48,5	1,5
5	49,0	1,0
6	50,8	-0,8
7	48,4	1,6
8	50,1	-0,1
9	49,2	0,8
10	49,1	0,9
11	47,4	2,6

Tabelle 6.2: Lageabweichung vom Sollwert (50 mm) zwischen zwei Positionen eines Testkörpers, welcher mit einem Linearantrieb bewegt und mit einem 3D-PTV-System gemessen wurde.

menauer Modelraum und im Ilmenauer Fass vor. Man sieht, dass die erreichbare Genauigkeit umgekehrt proportional zum Messvolumen ist.

Zur Verifizierung der tatsächlich erreichten Messunsicherheit im Objektraum sind mit übergeordneter Genauigkeit kalibrierte Referenzen erforderlich. Grundsätzlich könnte dies durch geeignet gemessene Passpunkte geschehen, die als unabhängige Vergleichspunkte in der Punktbestimmung verwendet werden. Aufgrund der Größe und Aufbau des Ilmenauer Fasses ist es nicht möglich, zuverlässige und mit übergeordneter Genauigkeit vorliegende Passpunkte bereitzustellen.

Um Aussagen über die absolute Genauigkeit des PTV-Verfahrens treffen zu können, wurde folgende Messung durchgeführt. Ein Linearantrieb wurde senkrecht zu den Kameras im Messvolumen aufgestellt. Die Entfernung zu den Kameras betrug 3 m. Als bewegter Testkörper wurde ein Tischtennisball mit 4 cm Durchmesser in 50 mm Schritten von 0 mm bis 500 mm positioniert. Die Positionierungsgenauigkeit der Achse lag bei 10 μm. Der Tischtennisball wurde von vier Kameras detektiert und seine Raumkoordinaten bestimmt. Anschließend wurde der Abstand von einer Position zur nächsten errechnet. Als Sollwert waren 50 mm als Schrittweite eingestellt. In Tabelle 6.2 sind die Werte aufgelistet, eine Darstellung als Diagramm folgt in Abbildung 6.18. Die Abweichungen liegen zwischen 0,1 mm und 2,6 mm, der Mittelwert des Betrags beträgt 1,2 mm bzw. 2,4%. Um den Schwankungsbereich zu präzisieren, müssten mehrere Messungen an verschiedene Positionen im Messvolumen durchgeführt

6.3 Messung von groß-skaligen Zirkulationen mit heliumgefüllten Latexballons

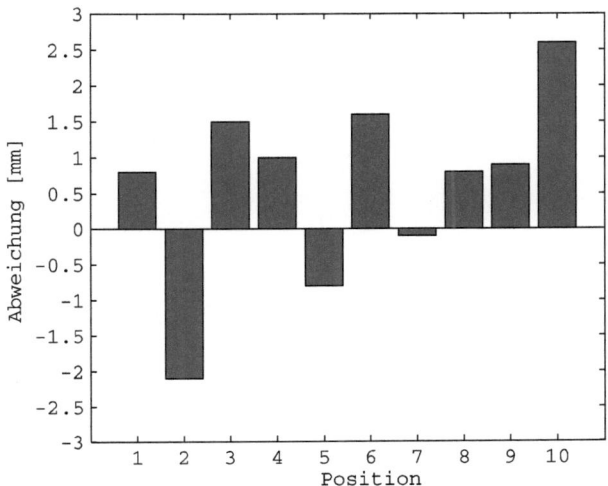

Abbildung 6.18: Abweichung der rekonstruierten Position des Testkörpers den angefahrenen Positionen.

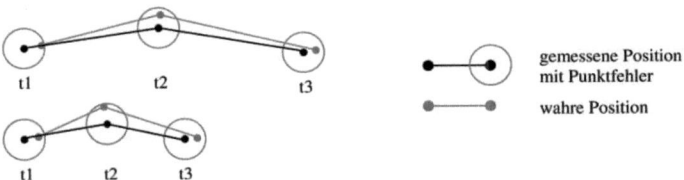

Abbildung 6.19: Einfluss des Punktfehlers auf die Genauigkeit der Trajektorien bei langen und kurzen Einzelvektoren.

werden.

Einen Einfluss auf die Genauigkeit der Länge und die Form einer Trajektorie hat auch der Abstand zwischen zwei Epochen. Das heißt, dass Trajektorien mit langen Einzelvektoren höhere Relativgenauigkeiten haben (Abbildung 6.19). Damit der Trackingalgorithmus auch bei hoher Partikeldichte zuverlässig arbeitet, sind jedoch sehr große Einzelvektoren zu vermeiden (siehe auch Abschnitt 4.5).

KAPITEL

7

ZUSAMMENFASSUNG UND AUSBLICK

7.1 Zusammenfassung

In der vorliegenden Dissertation "Entwicklung und Anwendung eines Partikel-Tracking-Velocimeters (PTV) zur Untersuchung von groß-skaligen Strukturen in thermischer Konvektion" wurde ein dreidimensionales Messverfahren entwickelt, um die Eigenschaften der groß-skaligen Zirkulationen in Luft in sehr großen Messvolumina zu untersuchen.

Die Erprobung des PTV-Systems wurde zunächst in der rechteckigen Zelle "Ilmenauer Modellraum" durchgeführt. Die Maße der Zelle sind 4,2 m × 3,6 m × 3,0 m. Dabei wurden die einzelnen Komponenten wie Kameras, Beleuchtung, Tracer-Partikel ausgewählt und getestet. Bei der Rekonstruktion der Partikelkoordinaten wurde eine potentielle Genauigkeit von 0,14 mm für die Lagekoordinaten und 0,15 mm für die Tiefenkoordinaten erreicht.

Bei der durchgeführten Validierungsmessung mittels eines Testkörpers mit bekannter Trajektorie wurde ein relativer Fehler von 0,7% bei der Geometrie der Trajektorie errechnet. Der Fehler bei der Geschwindigkeitsberechnung liegt in der gleichen Größenordnung, weil der zeitliche Fehler durch exakte Synchronisation der Aufnahmekameras kleiner als 0,1% ist.

Für den Einsatz des 3D-PTV-Systems in großen Messvolumina von mehreren Metern Ausdehnung sind neue Tracer-Partikel erforderlich. Es wurden für den Einsatz in Luftströmungen heliumgefüllte Seifenblasen (HSB) und heliumgefüllte Latexballons (HLB) verwendet. Der Durchmesser der Seifenblasen beträgt 4 mm. Die analytische Berechnung der optische Eigenschaften der Blasen zeigen, dass nur 3% des auf die Blase treffenden Lichtes reflektiert wird, dagegen beträgt der Transmissionsanteil 53%. Die

7.1 Zusammenfassung

Lebensdauer der HSB bei Raumtemperatur liegt bei 4 Minuten. Bei höheren Temperaturen verkürzt sich die Lebensdauer der Blasen durch die schnellere Verdunstung der Seifenhaut. Bei den Latexballons beträgt der Durchmesser 150 mm. Dank dieser Größe sind die HLB auch auf größeren Distanzen und geringerer Lichtintensität gut sichtbar. Durch die Beschichtung der Balloninnenseite mit einer speziellen Lösung wird eine Lebensdauer bis zu 20 Stunden erreicht. Die Stokes-Zahl von beiden Partikeln wurde für turbulente Umströmung berechnet und liegt sowohl für Seifenblasen als auch für Ballons unter dem kritischen Wert von eins. Während die HSB aufgrund ihrer relativ geringen Größe eine hohe zeitliche und räumliche Auflösung des Geschwindigkeitsfeldes liefern können, sind die wesentlich größeren HLB mit größerer Stokes-Zahl nur für die Charakterisierung von groß-skaligen Zirkulationen einsetzbar.

Im Grunde genommen besteht das neue 3D-PTV-System aus vier Kameras, zwei Blitzgeräten und Bildverarbeitungssoftware. Es wurde anschließend im Konvektionsexperiment "Ilmenauer Fass" bei Aspektverhältnis $\Gamma = 2$ erfolgreich eingesetzt. Mit Aufnahmefrequenzen von 1 oder 2 Hz konnten bis zu 5300 Epochen aufgenommen werden. Die Anzahl der Partikeln (HLB) wurde zwischen vier und acht variiert. Die erreichbare Genauigkeit im Ilmenauer Fass beträgt 0,3 mm für die Lagekoordinaten und 0,5 mm für die Tiefenkoordinaten.

Bei Rayleigh-Zahlen Ra = $7,5 \times 10^{10}$ und Ra = $1,3 \times 10^{11}$ wurden drei verschiedene Moden von groß-skaligen Zirkulationen gemessen: große Walze (GW), kleine Walze (KW) und Tornado. Damit wurden frühere Strukturmessungen mit Stereo-PIV bestätigt. Sowohl die GW als auch die KW verhalten sich zeitlich instabil und tendieren zur Transition in die jeweils andere Modenstruktur. Beide Zirkulationsmoden zeigen einen ausgeprägten dreidimensionalen Charakter.

Erstmalig wurde eine in thermischer Konvektion bisher nicht bekannte sogenannte Tornado-Struktur nachgewiesen und als Plume-Ablösung von der Heiz- bzw. Kühlplatte mit zusätzlicher Drallkomponente interpretiert.

Aus den rekonstruierten Koordinaten der HLB wurden Zeitreihen der Geschwindigkeitszirkulationen in drei Koordinatenrichtungen berechnet. Diese zeigen, dass auch in den groß-skaligen Zirkulationen die typischen turbulenten Fluktuationen auftreten. Es konnte noch gezeigt werden, dass die Analyse der Geschwindigkeitszeitreihen mittels Autokorrelationsfunktion und Frequenzspektrums charakteristische Zeitskalen für die Zirkulationsströmungen liefert. Die Wahrscheinlichkeitsdichtefunktion (PDF) der Geschwindigkeitsfluktuationen zeigt eine Gausverteilung, während wir bei den Beschleunigungsfluktuationen ein intermittentes Verhalten finden. Allerdings hat die statistische Analyse in dieser Arbeit nur exemplarischen Charakter, weil die Menge der aufgenommenen Daten noch zu gering ist. Die Gründe dafür sind Leistungsgrenzen der Hardware (räumliche und zeitliche Auflösung, Speicherplatz)

7 Zusammenfassung und Ausblick

und die begrenzte Lebensdauer der Tracer-Partikel.

7.2 Ausblick

In Zukunft sollte das PTV-System zur systematischen Untersuchung der groß-skaligen Zirkulationsströmungen im "Ilmenauer Fass" bei verschiedenen Rayleigh-Zahlen und Aspektverhältnissen eingesetzt werden. Dabei sollten im Mittelpunkt die Untersuchung der räumlichen und zeitlichen Stabilität der Modenstruktur und die systematische statistische Analyse der Geschwindigkeits- und Beschleunigungsfluktuationen der Zirkulationsströmung stehen.

Um die Qualität der gemessene Daten zu erhöhen, sollte die Bildaufnahmerate von zurzeit 2 Hz auf mindestens 10 Hz und die Messdauer bis zu 24 Stunden erhöht werden.

Wünschenswert ist die Erhöhung der Lebensdauer der Seifenblasen bei höheren Temperaturen, sowie auch die Verringerung der Größe der Latexballons, um ihre Folgeverhalten zu verbessern.

Ein weiterer Schritt könnte die Anwendung der 3D-PTV für die Untersuchung von Raumluftströmungen sein. Wichtige Punkte sind die Behaglichkeit der sich im Raum befindenden Personen und die Partikelausbreitung (Viren- und Bakterien-Verbreitung), die beide stark von groß-skaligen Zirkulationen beeinflusst werden.

LITERATURVERZEICHNIS

[1] GETLING, A.V.: *Rayleigh-Bénard convection: structures and dynamics*. World Scientific Publishing Co. Pte. Ltd., 1998

[2] OBERBECK, A.: Über die Wärmeleitung der Flüssigkeiten bei Berücksichtigung der Strömungen infolge von Temperaturdifferenzen. *Ann. Phys. Chem.*7 (1879), 271–292

[3] BOUSSINESQ, J.: Théorie analytique de la chaleur, mise en harmonie avec la thermodynamique et avec la théorie mécanique de la lumière. *Gauthier-Villars, Paris* 2 (1903)

[4] MALKUS, W. V. R.: The heat transfer and spectrum of thermal turbulence. *Proc. R. Soc. London A*225 (1954), 196–212

[5] GOLDSTEIN, R. J.; TOKUDA, S.: Heat transfer by thermal convection at high Rayleigh numbers. *Int. J. Heat Mass Transfer*23 (1980), 738–740

[6] THRELFALL, D. C.: Free convection in low temperature gaseous helium. *J. Fluid Mech.*67 (1975), 17–28

[7] CASTAING, B.; GUNARATNE, G.; HESLOT, F.; KADANOFF, L.; LIBCHABER, A.; THOMAE, S.; WU, X.-Z.; ZALESKI, S. ; ZANETTI, G.-M.: Scaling of hard thermal turbulence in Rayleigh-Bénard convection. *J. Fluid Mech.*204 (1989), 1–30

[8] WU, X. Z.; LIBCHABER, A.: Scaling relations in thermal turbulence: The aspect ratio dependence. *Phys. Rev. A*45 (1992), 842–845

[9] SHRAIMAN, B. I.; SIGGIA, E. D.: Heat transport in high-Rayleigh-number convection. *Phys. Rev. A*42 (1990), 3650–3653

[10] KERR, R.: Rayleigh number scaling in numerical convection. *J. Fluid Mech.*310 (1996), 139–179

[11] CIONI, S.; CILIBERTO, S. ; SOMMERIA, J.: Strongly turbulent Rayleigh-Bénard convection in mercury: comparison with results at moderate Prandtl number. *J. Fluid Mech.*335 (1997), 111–140

[12] ZALESKI, S.; FOX, P. (Hrsg.); KERR, R. (Hrsg.): *in Geophysical and Astrophysical Convection*. Gordon and Breach Science Publishers, 1998

[13] NIEMELA, J. J.; SKRBEK, L.; SREENIVASAN, K. R. ; DONNELLY, R. J.: Turbulent convection at very high Rayleigh numbers. *Nature*404 (2000), 837–840

[14] KRAICHNAN, R. H.: Turbulent thermal convection at arbitrary Prandtl number. *Phys. Fluids*5 (1962), 1374–1389

[15] SPIEGEL, E. A.: Convection in stars. *Ann. Rev. Astron. Astrophys.*9 (1971), 323–352

[16] CHAVANNE, X.; CHILLÁ, F.; CASTAING, B.; HÉBRAL, B.; CHABAUD, B. ; CHAUSSY, J.: Observation of the ultimate regime in Rayleigh-Bénard convection. *Phys. Rev. Lett.*79 (1997), 3648–3651

[17] ROCHE, P.-E.; CASTAING, B.; CHABAUD, B. ; HÉBRAL, B.: Observation of the 1/2 power law in Rayleigh-Bénard convection. *Phys. Rev. E*63 (2001), 323–352

[18] GLAZIER, J. A.; SEGAWA, T.; NAERT, A. ; SANO, M.: Evidence against „ultrahard" thermal turbulence at very high Rayleigh numbers. *Nature*398 (1999), 307–310

[19] GAUTHIER, F.; ROCHE, P.-E.: Evidence of a boundary layer instability at very high Rayleigh number. *Europhys. Lett.*83 (2008), 24005

[20] AHLERS, G; GROSSMAN, S. ; LOHSE, D.: Heat transfer & large-scale dynamics in turbulent Rayleigh-Bénard convection. *Rev. Mod. Phys.*81 (2009), 503–537

[21] FUNFSCHILLING, D.; BROWN, A. E. N. E. Nikolaenko ; AHLERS, G.: Heat transport by turbulent Rayleigh-Bénard convection in cylindrical samples with aspect ratio one and larger. *J. Fluid Mech.*536 (2005), 145–154

[22] SUN, C.; REN, L.-Y.; SONG, H. ; XIA, K.-Q.: Heat transport by turbulent Rayleigh-Bénard convection in 1m diameter cylindrical cells of widely varying aspect ratio. *J. Fluid Mech.*542 (2005), 165–174

[23] DU PUITS, R.; RESAGK, C. ; THESS, A.: Breakdown of wind in turbulent thermal convection. *Phys. Rev. E*75 (2007), 016302

[24] HARTLEP, T.; TILGNER, A. ; BUSSE, F.-H.: Transition to turbulent convection in a fluid layer heated from below at moderate aspect ratio. *J. Fluid Mech.*544 (2005), 309–322

[25] HARTLEP, T.; TILGNER, A. ; BUSSE, F.-H.: Large-scales structures in Rayleigh-Bénard convection at high Rayleigh numbers. *Phys. Rev. Lett.*91 (2003), 064501

[26] GROSSMANN, S.; LOHSE, D.: Scaling in thermal convection: a unifying theory. *J. Fluid Mech.*407 (2000), 27–56

[27] SIGGIA, E.D.: High Rayleigh number convection. *Annu. Rev. Fluid Mech.*26 (1994), 137–168

[28] GROSSMAN, S.; LOHSE, D.: On geometry effects in Rayleigh-Bénard convection. *J. Fluid Mech.*486 (2003), 105–114

[29] KRISHNAMURTI, R.: One the transition to turbulent convection. Part II. *J. Fluid Mech.*42 (1970), 309–320

[30] TENNEKES, H.; LUMLEY, J.: *A first course in turbulence*. MIT Press, 1982

[31] LINDEN, P. F.: The fluid mechanics of natural ventilation. *Annu. Rev. Fluid Mech.*31 (1999), 201–238

[32] ZOCCHI, G.; MOSES, E. ; LIBCHABER, A.: Coherent structures in turbulent convection, an experimental study. *Physica A*166 (1990), 387–407

[33] SANO, M.; WU, X.-Z. ; LIBCHABER, A.: Turbulence in helium-gas free convection. *Phys. Rev. A*40 (1989), 6421 – 6430

[34] TILGNER, A.; BELMONTE, A. ; LIBCHABER, A.: Temperature and velocity boundary layer in turbulent convection. *Phys. Rev. E*50 (1993), 269–279

[35] WERNE, J.: Structure of hard-turbulent convection in two dimensions: numerical evidence. *Phys. Rev. E*48 (1993), 1020–1035

[36] BROWN, E.; AHLERS, G.: Rotations and cessations of the large-scale circulations in turbulent Rayleigh-Bénard convection. *J. Fluid Mech.* 568 (2006), 351–386

[37] FUNFSCHILLING, D.; AHLERS, G.: Plume motion and large-scale circulation in a cylindrical Rayleigh-Bènard cell. *Phys. Rev. Lett.* 92 (2004), 194502

[38] RESAGK, C.; DU PUITS, R.; THESS, A.; DOLZHANSKY, F.V.; GROSSMANN, S.; ARAUJO, F. F.; LOHSE, D.: Oscillations of the large scale wind in turbulent thermal convection. *Phys. Fluids* 18 (2006), 095105

[39] BROWN, E.; NIKOLENKO, A.; AHLERS, G.: Reorientation of the large-scale circulation in turbulent Rayleigh-Bénard convection. *Phys. Rev. Lett.* 95 (2005), 084503

[40] SREENIVASAN, K. R.; BERSHADSKII, A.; NIEMELA, J. J.: Mean wind and its reversal in thermal convection. *Phys. Rev. E* 65 (2002), 056306

[41] ARAUJO, F.; GROSSMANN, S.; LOHSE, D.: Wind reversals in turbulent Rayleigh-Bénard convection. *Phys. Rev. Lett.* 95 (2005), 084502

[42] VILLERMAUX, E.: Memory-induced low frequency oscillations in closed convection boxes. *Phys. Rev. Lett.* 75 (1995), 4618–4621

[43] HOWARD, L. N.: Heat transport by turbulent convection. *J. Fluid Mech.* 17 (1963), 405–432

[44] QIU, X.-L.; TONG, P.: Onset of coherent oscillations in turbulent Rayleigh-Bénard convection. *Phys. Rev. Lett.* 87 (2001), 094501

[45] XI, H.-D.; ZHOU, Q.; XIA, K.-Q.: Azimuthal motion of the mean wind in turbulent thermal convection. *Phys. Rev. E* 73 (2006), 056312

[46] XI, H.-D.; ZHOU, S.-Q.; ZHOU, Q.; CHAN, T.-S.; XIA, K.-Q.: Origin of the temperature oszillations in turbulent thermal convection. *Phys. Rev. Lett.* 102 (2009), 044503

[47] XIA, K.-Q.; SUN, C.; ZHOU, S.-Q.: Particle image velocimetry measurement of the velocity field in turbulent thermal convection. *Phys. Rev. E* 68 (2003), 066303

[48] CHAVANNE, X.; CHILLÀ, F.; CHABAUD, B.; CASTAING, B.; HÉBRAL, B.: Turbulent Rayleigh-Bénard convection in gaseous and liquid He. *Phys. Fluids* 13 (2001), 1300–1320

[49] QUI, X.-L.; TONG, P.: Temperature oscillations in turbulent Rayleigh-Bénard convection. *Phys. Rev. E* 66 (2002), 026308

[50] GROSSMANN, S.; LOHSE, D.: Prandtl and Rayleigh number dependence of the Reynolds number in turbulent thermal convection. *Phys. Rev. E*66 (2002), 016305

[51] LAM, S.; SHANG, X.-D.; ZHOU, S.-Q. ; XIA, K.-Q.: Prandtl number dependence of the viscous boundary layer and Reynolds number in Rayleigh-Bénard convection. *Phys. Rev. E*65 (2002), 066306

[52] SUN, C.; ; XIA, K.-Q. ; TONG, P.: Three-dimensional flow structures and dynamics of turbulent thermal convection in a cylindrical cell. *Phys. Rev. E*72 (2005), 026302

[53] KADANOFF, L.: Turbulent heat flow: Structures and scaling. *Phys. Today*54 (2001), 34–39

[54] XIA, K.-Q.; SUN, C. ; CHEUNG, Y.-H.: Large-scale velocity structures in turbulent thermal convection with widely varying aspect ratio. *Proc. 14th Int. Symp. on Applications of Laser Techniques to Fluid Mechanics, Lisbon*, 2008

[55] RESAGK, C.; DU PUITS, R.; THESS, A.; RAFFEL, M.; BOSBACH, J. ; AROUSSI, A.: Large-scale flow visualization and particle image velocimetry in convective airflow. *Proc. 11th Int. Symp. on Flow Visualization, Notre Dame*, 2004

[56] RAFFEL, M.; WILLERT, C.; WERELEY, S. ; KOMPENHANS, J.: *Particle Image Velocimetry. A practical guide.* Springer, 1999

[57] XI, H.-D.; LAM, S. ; XIA, K.-Q.: From laminar plumes to organized flows: the onset of large-scale circulation in turbulent thermal convection. *J. Fluid Mech.*503 (2004), 47–56

[58] EMRAN, M. S.; SCHUMACHER, J.: Fine-scale statistics of temperature and its derivatives in convective turbulence. *J. Fluid Mech.*611 (2008), 13–34

[59] TSINOBER, A.; KIT, E. ; DRACOS, T.: Measuring invariant (frame independent) quantities composed of velocity derivatives in turbulent flows. *Advances in Turbulence*, 1991

[60] YEH, Y.; CUMMINS, H.Z.: Localized fluid flow measurementswith a He-Ne laser spectrometer. *Appl. Phys. Lett.* (1964), 176–179

[61] LEHMANN, B.: Geschwindigkeitsmessung mit Laser-Doppler-Anemometer Verfahren. *Wiss. Berichte AEG-Telefunken* (1968), 141–145

[62] VON STEIN, H.D.; H.J., Pfeifer: A Doppler difference method for velocity measurements. *Metrologia* (1969), 59–61

Literaturverzeichnis

[63] RAFFEL, M.; WILLERT, C.; WERELEY, S. ; KOMPENHANS, J.: *Particle Image Velocimetry. A practical guide.* Springer, 1999

[64] BRÜCKER, C.: 3D scanning PIV applied to an air flow in a motored engine using digital high.speed video. *Meas. Sci. Technol.* (1997), 1480–1492

[65] DADI, M.; STANISLAS, M.; RODRIGUEZ, O. ; DYMENT, A.: A study by holographic velocimetry of the behaviour of free particles in a flow. *Exp. Fluids* (1991), 285–294

[66] COUPLAND, J.M.; HALLIWELL, N.A.: Particle image velocimetry: three-dimensional fluid velocity measurements using holographic recording and optical correlation. *Appl. Optics* (1992), 1005–1007

[67] MENG, H.; PAN, G.; PU, Y. ; WOODWARD, H.: Holographic particle image velocimetry: from film to digital recording. *Meas. Sci. Technol.* (2004), 673–685

[68] HINSCH, K.D.: Holographic particle image velocimetry. *Meas. Sci. Technol.* 13 (2002), R61–R72

[69] LUHMANN, T.: *Nahbereichsphotogrammetrie.* 2. überarbeitete Auflage. Herbert Wichmann Verlag, 1999

[70] OHMI, K.; HANG, L. Yu: Particle tracking velocimetry with new algorithms. *Meas. Sci. Technol.* 11 (2000), 603–616

[71] MAAS, H.-G.: *Digitale Photogrammetrie in der dreidimensionalen Strömungsmesstechnik.* Dissertation ETH Zürich No.9665, 1992

[72] PUTZE, T.: *Geometrische und stochastische Modelle zur Optimierung der Leistungsfähigkeit des Strömungsmessverfahrens 3D PTV.* Dissertation TU Dresden, 2008

[73] MAAS, H.-G.: Complexity analysis for the establishment of image correspondences of dense spatial target fields. *International Archives of Photogrammetry and Remote Sensing* (1992), 102–107

[74] WILLNEFF, J.: *A Spatio-Temporal Matching Algorithm for 3D Particle Tracking Velocimetry.* Dissertation ETH Zürich No. 15276, 2003

[75] PAPANTONIOU, D.; DRACOS, T.: Analyzing 3D Turbulent Motions in Open Channel Flow by Use of Stereoscopy and Particle Tracking. *Advances in Turbulence* 2 (1989)

[76] PUTZE, T.; HOYER, K.: Modellierung und Kalibrierung eines virtuellen Vier-Kamerasystems auf Basis eines verstellbaren Spiegelsystems. *Proc. Beiträge der Oldenburger 3D-Tage*, 2005

[77] WEGFRASS, A.: *Untersuchung der Strukturbildung im Konvektionsexperiment "Ilmenauer Fass" mittels 3D Particle Tracking Velocimetry*. Diplomarbeit TU Ilmenau, 2008

[78] MELLING, A.: Tracer particles and seeding for particle image velocimetry. *Meas. Sci. Technol.* 8 (1997), 1406–1416

[79] MUELLER, T. J.: *Fluid Mechanics Measurements*. Second Edition. Hemisphere Publishing Corporation, 1996

[80] SUZUKI, Y.; KASAGI, N.: Turbulent air-flow measurement with the aid of 3D particle tracking velocimetry in a curved square bend. *Flow, Turbulence and Combustion* 63 (1999), 415–442

[81] OKUNO, Y.; FUKUDA, T.; MIWATA, Y. ; KOBAYASHI, T.: Development of threedimensional air flow measuring method using soap bubbles. *JSAE Review* 14 (1993), 50–55

[82] KESSLER, M.; LEITH, D.: Flow measurement and efficiency modeling of cyclones for particle collection. *Aerosol Science and Technology* 15 (1991), 8–18

[83] MÜLLER, R.H.G.; FLÖGEL, H.; SCHERER, T.; SCHAUMANN, O. ; BUCHHOLZ, U.: Investigation of large scale low speed air condition flow using PIV. *Proc. 9th int. Symp. on Flow Visualization, Edinburgh*, 2000

[84] KÜHN, M.; BOSBACH, J. ; WAGNER, C.: Experimental parametric study of forced and mixed convection in a passenger aircraft cabin mock-up. *Building and Environment* (2009), 961–970

[85] MÜLLER, D.; RENZ, U.: A particle streak tracking system (PTS) to measure flow fields in ventilated rooms. *Proc. Roomvent*, 2000

[86] MÜLLER, D.; RENZ, U.: Optische Erfassung und Auswertung von Raumluftströmungsfeldern. *HLH - Heizung Lüftung/Klima Haustechnik* 49 (1998), 97–100

[87] SCHOLZEN, F.; MOSER, A.: Three-dimensional particle streak velocimetry for room air flows with automatice stereo-photogrammetric image processing. *Proc. Roomvent, Yokohama*, 1996

[88] MÜLLER, D.; MÜLLER, B. ; RENZ, U.: Three-dimensional particle-streak tracking (PTS) velocity measurements of a heat exchanger inlet flow. *Exp. in Fluids* 30 (2001), 645–656

[89] DAHMS, A.; RANK, R. ; MÜLLER, D.: Enhanced Particle Streak Tracking System (PST) for Two Dimensional Airflow Pattern Measurements in Large Planes. *Roomvent*, 2007

[90] MÜLLER, D.; RANK, R.: Generator für helliumgefüllte Blasen. *Vortrag DFG-SPP1147-Kolloquium, Göttingen*, 2005

[91] MÜLLER, D.: Persönliche Mitteilung. *RWTH Aachen*

[92] MACHACEK, M.: *A Quantitative Visualization Tool for Large Wind Tunnel Experiments*. Dissertation ETH Zürich No. 14957, 2003

[93] MITSCHUNAS, B.: Persönliche Mitteilung. *TU Ilmenau, FG Technische Optik*

[94] KERHO, M.; BRAGG, B.: Neutrally buoyant bubbles used as flow tracers in air. *Exp. in Fluids* 16 (1994), 393–400

[95] PARSUM, GmbH: *Documentation of IPP30 and IPP50*. Chemnitz, 1999

[96] PETRAK, D.: Simultaneous measurements of particle size and velocity with spatial filtering technique in comparison with coulter multisizer and laser doppler velocimetry. *Proc. 4th International Conference on Multiphase Flow, New Orleans*, 2001

[97] MICHAELIDES, E. E.: A novel way of computing the Basset term in unsteady multiphase flow computations. *Phys. Fluids A* (1992), 15791582

[98] ALBRECHT, H.-E.; BORYS, M.; DAMASCHKE, N. ; TROPEA, C.: *Laser Doppler and phase Dopller measurement techniques*. Springer, 2003

[99] VOTH, G.A.; LA PORTA, A.; CRAWFORD, A.M.; ALEXANDER, J. ; BODENSCHATZ, E.: Measurement of particle accelerations in fully developed turbulence. *J. Fluid Mech.* 469 (2002), 121–160

[100] MAXEY, M.R.; RILEY, J.J.: Equation of motion for a small rigid sphere in a nonuniform flow. *Phys. Fluids* 26 (1983), 883–889

[101] MICHAELIDES, E. E.: The Transient Equation of Motion for Particles, bubbles, and Droplets. *J. Fluids Eng.* 119 (1997), 233–247

[102] ALEXANDER, P.: High Order Computation of the History Term in the Equation of Motion for a Spherical Particle in a Fluid. *J. Sci Comp.* 21 (2004), 129–143

[103] BRENNEN, C. E.: *Fundamentals of Multiphase Flow*. Cambridge University Press, 2005

[104] SIGLOCH, H.: *Technische Fluidmechanik.* Springer-Verlag, 2005

[105] SACHS, J.; HERRMANN, R.; KMEC, M.; HELBIG, M. ; SCHILLING, K.: Recent advances and applications of M-Sequence based ultra-wideband sensors. *Proc. Int. Conf. on Ultra-Wideband, Singapore*, 2007

[106] PICCARDI, M.: Background substraction techniques: a review. *Proc. of IEEE Systems, Man and Cybernetics, The Hague*, 2004

[107] SAYED, A. H.; TARIGHAT, A. ; KHAJEHNOURI, N.: Network-based wireless location: challenges faced in developing techniques for accurate wireless location information. *IEEE Signal Processing Magazine* 22 (2005), 24–40

[108] KMEC, M.; SACHS, J.; PEYERL, P.; RAUSCHENBACH, P.; THOMÄ, R. ; ZETIK, R.: A novel ultra-wideband real-time MIMO channel sounder architecture. *Proc. XXVIIIth General Assembly of Union Radio Science, New Delphi*, 2005

[109] DU PUITS, R.: *Wärmetransport in turbulenter Konvektionsströmung*, TU Ilmenau, Habilitationsschrift, 2008

[110] ZHOU, Q.; XI, H.-D.; ZHOU, S.-Q.; SUN, C. ; XIA, K.-Q.: Oscilations of the large-scale circulation in turbulent Rayleigh-Bénard convection: the sloshing mode and the its relationship with the torsional mode. *J. Fluid Mech.* 630 (2009), 367–390

[111] POPE, S.B.: *Turbulent flows.* Cambridge University Press, 2000

i want morebooks!

Buy your books fast and straightforward online - at one of world's fastest growing online book stores! Environmentally sound due to Print-on-Demand technologies.

Buy your books online at
www.get-morebooks.com

Kaufen Sie Ihre Bücher schnell und unkompliziert online – auf einer der am schnellsten wachsenden Buchhandelsplattformen weltweit! Dank Print-On-Demand umwelt- und ressourcenschonend produziert.

Bücher schneller online kaufen
www.morebooks.de

VDM Verlagsservicegesellschaft mbH
Heinrich-Böcking-Str. 6-8
D - 66121 Saarbrücken

Telefon: +49 681 3720 174
Telefax: +49 681 3720 1749

info@vdm-vsg.de
www.vdm-vsg.de

Printed by Books on Demand GmbH, Norderstedt / Germany